HISTORY OF WORLD WAR II ESPIONAGE

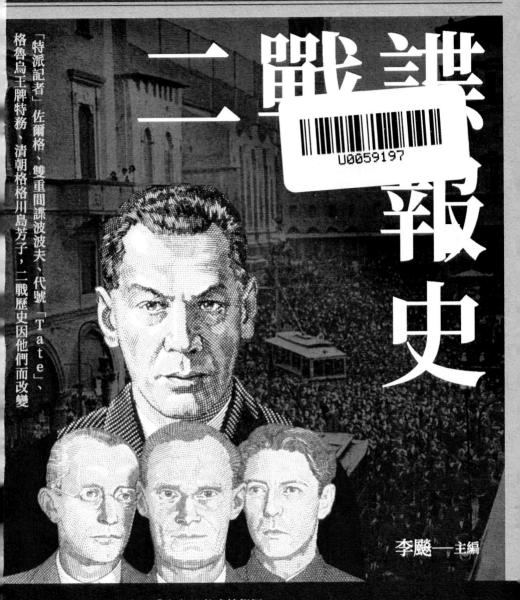

二戰諜報史

「特派記者」佐爾格、雙重間諜波波夫、代號「Tate」、格魯烏王牌特務、清朝格格川島芳子，二戰歷史因他們而改變

U0059197

李颰——主編

破譯 AF、鬥牛行動、竊取「珍珠」、拉多情報網、
清洗「諜中諜」、製造假情報、雙面間諜、暗殺行動、竊取機密……

細說二戰時期的著名特務———
———本書帶你一探二戰幕後的間諜行動！

目錄

「業餘」間諜

川島芳子

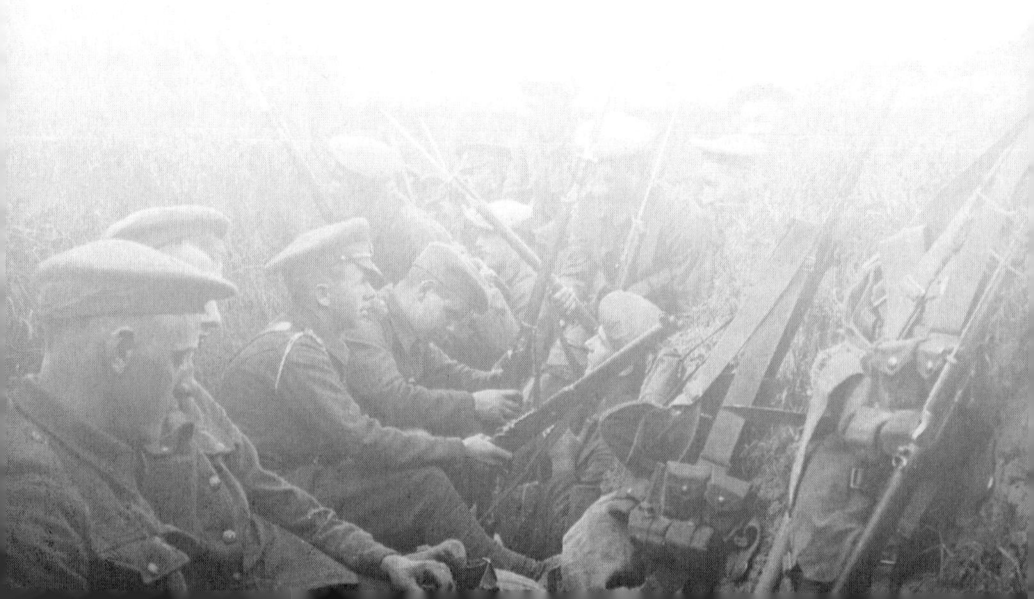

前言

1939 年 9 月前，中國的抗日戰爭、衣索比亞的抗義戰爭等世界反法西斯抵抗運動就拉開了序幕；1939 年 9 月 1 日，德國入侵波蘭，宣告世界反法西斯戰爭正式開始；1945 年 9 月 2 日，日本向盟國投降，昭示世界反法西斯偉大戰爭取得全面勝利。

這是人類社會有史以來規模最大、傷亡最慘重、造成破壞最大的全球性戰爭，也是關係人類命運的大決戰。這場由日、德、義法西斯國家的納粹分子發動的戰爭席捲全球，波及世界。這次世界大戰把全人類分成了決戰雙方，由美國、蘇聯、中國、英國、法國等國組成的反法西斯同盟國與以由德國、日本、義大利等國組成的法西斯軸心國進行對壘決戰。全世界的人民被推進了戰爭的深淵，這簡直就是人類文明史無前例的浩劫和災難。

在這次大戰中，交戰雙方投入的兵力和武器之多、戰場波及範圍之廣、作戰樣式之新、造成的損失之大、產生的影響之深遠都是前所未有的，都創造了歷史之最。

戰火蔓延到歐、亞、非和大洋洲四大洲及大西洋、太平洋、印度洋、北冰洋四大洋，擴展到四十個國家的國土，有五十六個國家參戰，作戰區域面積兩千兩百萬平方公里。在

前言

抗擊德義日法西斯的戰爭中，中國堅持了八年，英國六年，蘇聯四年二個月，美國三年九個月。雙方動員軍事力量約九千萬人，其中蘇聯兩千兩百萬人，美國一千五百萬人，英國一千兩百萬人，軸心國德義日三千萬人。直接軍費開銷一兆一千一百七十億美元，參戰國物資總損失價值達四兆美元。

第二次世界大戰的勝利具有偉大的歷史意義。我們歷史看待這段

慘痛歷史，可以說，第二次世界大戰的爆發給人類造成了巨大災難，使人類文明慘遭浩劫，但同時，第二次世界大戰的勝利，也開創了人類歷史的新紀元，極大地推動了人類社會向前發展，給戰後世界帶來了廣泛而深刻的影響。促進了世界進入力量制衡的相對和平時期；促進了殖民地國家的民族解放；促進了許多社會主義國家的誕生；促進了資本主義國家的經濟、政治和社會改革；促進了世界科學技術的進步；促進了軍事科技和理論的進步；促進了人類認識的真理革命；促進了世界人民對和平的認識。

世界人民反法西斯戰爭的勝利是二十世紀人類歷史的一個重大轉折點，它結束了一個戰爭和動盪的舊時期，迎來了一個和平與發展的新階段。我們回首歷史，不應忘記戰爭給人類社會帶來的破壞和災難，以及世界各個國家和人民為勝

利所付出的沉重代價。作為後人，我們應當認真吸取這次大戰的歷史經驗教訓，為防止新的世界大戰發生，維護世界持久和平，不斷推動人類社會進步而英勇奮鬥。

前言

佐爾格

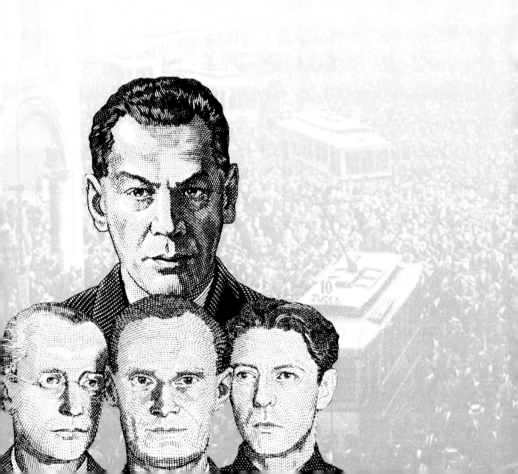

佐爾格

加入「蘇共」

1895 年 10 月，理查‧佐爾格出生在高加索地區一個小鎮上。他的父親是位工程師，他的母親是俄國人。當理查三歲時，全家遷往德國，定居在柏林郊區利奇特費爾德。

佐爾格的高中時代是在利奇特費爾德度過的。他特別感興趣的課程是歷史和文學。還在上高中期間，他就自願報名參了軍，被分配到第三野戰砲兵團學生旅，先是在西線與法軍作戰，後是在東線與俄國人作戰。

在一次戰役中，佐爾格的右腿被彈片擊傷，被送往柏林陸軍醫院。

身體恢復以後他又返回原來的部隊。三周後又負傷，但這次可重了，兩條腿都被彈片打到，留下終身殘疾。由於他作戰勇敢，被提升為軍士，並被授予二級鐵十字勳章。

佐爾格受傷後被送到哥尼斯堡大學醫院。在那裡，年輕的佐爾格在思想上和性格上經歷了一場革命性的轉變。

像同時代的許多人一樣，佐爾格接受過戰火的洗禮，曾兩次在戰壕中作戰，但卻不知道他們究竟在做什麼。佐爾格說：「我們雖然在戰場上拚命，但我和我的士兵朋友們沒有一個了解戰爭的真正目的，更談不上它的深遠意義了。」

佐爾格的思想陷入極度的混亂之中。他開始閱讀德國和俄國有關社會主義和共產主義的經典著作，逐漸投身共產主

義事業之中。

臥底東京的佐爾格 1916 年 10 月，佐爾格就讀於柏林大學經濟系，他的計劃是「除了學習外還要參加有組織的革命運動」。1918 年 1 月，佐爾格正式退伍而就讀於基爾大學，攻讀國家法和社會博士。

在基爾大學，佐爾格結識了科爾特・格拉契教授，兩人經常在一起討論社會主義和共產主義學說。佐爾格的革命信念更加堅定了。

不久以後，佐爾格便加入了新成立的德國共產黨。在此同時，他從基爾搬到漢堡，繼續完成他的博士論文的最後部分。同時他又積極地參與建立青年人的馬克思主義學習小組、培訓黨的地方組織幹部、籌建黨的地下支部等工作。他的公開職務則是大學助教、煤礦工人、報紙編輯和記者等。他還作為地區代表出席德國共產黨第七次代表大會。也就在這段時間裡，他與克里斯蒂安妮結了婚。

1923 年下半年，莫斯科馬克思主義學院院長來到德國，佐爾格在柏林和法蘭克福兩次與他見面，從此開始接觸蘇聯共產黨。1924 年 4 月，德共第九次代表大會在法蘭克福召開，蘇聯派了一個由六人組成的代表團參加，其中有蘇聯軍事情報局即紅軍四局的成員。佐爾格再次與蘇聯共產黨接觸，這次見面是佐爾格人生旅途上的重要轉折點。四局的特務人員

佐爾格

早已注意到佐爾格的表現和他的經歷了，認為佐爾格是一位理想的特務人員。經過幾次談話之後，四局的人說：「你若有興趣加入四局的話，就到莫斯科來罷。」佐爾格欣然接受。

佐爾格到了莫斯科，不久便加入了蘇聯共產黨，並被安排在紅軍四局共產國際情報處工作，負責收集有關各國工人運動、政治經濟問題方面的資料，處理和聯繫各國共產黨的黨務問題。

接下來的幾年，佐爾格便頻頻穿梭於柏林、哥本哈根、斯德哥爾摩、斯堪的納維亞、倫敦和莫斯科之間。他的工作幹得很出色。他與四局局長別爾津將軍成了知心朋友。

德國共產黨組織的武裝暴動失敗後，蘇聯領導人決定把情報、諜報和宣傳機構的工作重點從歐洲轉移到亞洲。為此，1929 年 10 月，佐爾格被派到中國上海。

到達上海的最初幾個月裡，佐爾格一面廣交朋友，尋找情報的來源；一面潛心研究中國的事務。隨著了解的不斷加深，他愛上了這片土地。

一次偶然的機會，佐爾格結識了《法蘭克福日報》駐遠東記者、著名美國左翼人士艾格妮絲·史沫萊特女士。透過她，佐爾格物色到不少中國「助手」，也正是透過她，佐爾格結識了日本大阪《朝日新聞》駐華記者、精通中國事務的日本專家大崎保積。大崎曾是東京帝國大學馬克思主義學習

小組的成員，對中國共產黨持同情態度。他與佐爾格對世界大事的看法比較一致，以後，他成為佐爾格的主要搭檔和最合適的合作者。

臥底東京，啟動間諜網

1932 年下半年，佐爾格被召回莫斯科。別爾津有更重要的任務要他去處理。按佐爾格的說法：「如果不是為了崇高的事業，我將在中國一直呆下去，我已深深地迷戀上這個國家了。」

回到莫斯科後，別爾津便把任務派給佐爾格 —— 臥底東京，摸清日本的計劃，然後回到柏林。

為了逃避審查，佐爾格重新申請了一張德國護照，使之從履歷看來，他是從中國，而不是途經莫斯科返回德國的。同時他還準備了一些身分證明，確保不對他過去的歷史追究太多。

1933 年 7 月，一切準備就緒。佐爾格懷裡揣著高級介紹信、記者證和嶄新的德國護照登上了旅途，他先到法國港口瑟堡，從那裡乘船經紐約到橫濱，於 1933 年秋天抵達東京。

佐爾格到達東京的第一件事是去訪問德國大使館。新任大使還沒上任，佐爾格受到使館高級人員的熱情接待，並與使館官員們建立了聯繫。翌日，佐爾格又手持日本駐華盛頓

佐爾格

使館給外務省情報司司長天羽榮二的介紹信登門拜訪。天羽是外務省數一數二的新聞發言人，他每週主持一次記者招待會，只有各國駐東京的首席記者才有資格被邀請參加。

不久之後，東京小組的核心成員克勞森和大崎陸續來到東京。他們不定期地與佐爾格交換和分析情報。大崎當時已是日本的名人了，更重要的是，他的一位老同學是近衛的私人祕書，而近衛在內閣中是強有力的，他後來出任首相，兩次組閣。

佐爾格還吸收了宮木佑德作為小組的第四名成員。宮木是位善於收集情報的「藝術家」，他總是孜孜不倦地蒐集各種情報。

佐爾格認為，「假若我真能在日本開始我的學者生活的話，宮木倒是位理想的助手。」

與此同時，佐爾格開始申請加入納粹黨，一年以後就得到批准。之後，他又提出申請，要求加入德國記者協會。

在佐爾格看來，作為一個外國人，即使像他那樣是個德國人，要想直接打入神聖不可侵犯的日本政界去獲取情報也是不可能的，必須從德國大使館著手。為了獲得藏在大使館保險櫃裡的絕密材料，必須博得大使的絕對信任，這就是他的主攻方向。他的信條是：不要把手伸向保險櫃，而要讓保險櫃自動打開，讓機密材料自動來到自己的辦公桌上。

1933 年底，新任大使到東京上任。在此之前，佐爾格在《每日展望》撰寫的一篇有關日本的文章令德國頗受重視，大使在柏林曾仔細地閱讀過，這給大使留下了極其深刻的印象。因此，大使在起草致柏林的報告前同佐爾格交換資料和意見。

另一位幫助佐爾格的便是使館武官尤金・奧特上校。佐爾格到日本後不久，便拿著奧特的一位密友、《每日展望》的一位編輯的介紹信拜訪奧特。在這種情況下，佐爾格的光臨自然受到歡迎。

由於佐爾格顯得很有教養、風趣、開朗活躍而大方，又當過兵，跟奧特一樣還上過前線，這使他倆一見如故。正像佐爾格自己說的：「這種友誼可能由於我曾經是一個德國軍人，在第一次世界大戰中打過仗、負過傷。奧特作為一名年輕的軍官也參加過那次戰爭。」

佐爾格經常給奧特提供關於日本軍事方面的有用情報，或者是關於日本形勢的精闢見解，這充實了奧特交給柏林的匯報，增加了他的分量。由於他的幫助，奧特升了官，由助理武官升為武官，並從名古屋調到了東京。

奧特在東京定居後，佐爾格便成了他家裡的常客。佐爾格與大使及使館武官的特殊關係，使得他與使館人員的交往和大使館的關係更進一層。

佐爾格

1936 年初，佐爾格發現日本的政局正面臨嚴重的危機。日本軍部中的青年軍官集團勢力越來越大，他們提出「讓那些無能的政客們滾下臺去。」

佐爾格一直密切注視著這一集團的行動，根據對大崎和宮木收集到的情報的分析，他得出結論：青年軍官集團正準備發動武裝政變，一切取決於 2 月 20 日國會選舉的結果。

青年軍官起事前夕，佐爾格寫了一份分析報告，在這份報告還沒送往莫斯科之前，他決定向德國大使、武官和助理武官通報此事。但他們三人誰都不相信，對佐爾格提供的情報未予重視。

2 月 26 日清晨，武裝叛亂事件果真爆發！德國大使館陷於一片慌亂，一時不知如何處置，而消息靈通的佐爾格的威望則更高了。此後，大使和武官對佐爾格更是言聽計從。

經過幾年的準備，佐爾格開始行動了。他的第一個任務是調查德日兩國關係的發展狀況和日本對蘇聯的祕密意圖。他從奧特和大使那裡獲悉，迄今為止，德日之間的祕密談判尚未取得任何結果。但是，談判是否可能在更高一級祕密地進行呢？

一天，喝得酩酊大醉的奧特無意中漏出了這樣一句話：德日之間的談判重新又開始了。佐爾格警覺地等著他說下去，但新任武官卻不再提這件事。同一天晚上，大崎通知佐

爾格，英國和法國大使館裡也流傳著德日恢復談判的消息，並為此而感到緊張。

宮木從日方那裡也了解到同樣的情報。

佐爾格要求大崎和他的朋友摸清這些傳聞的真實含義，自己則從德國使館方面著手。在向莫斯科發出報告之前，他開始密切觀察事態的發展。

4月、5月、6月飛逝而過，其間佐爾格只收到大崎的報告：1936年4月，日本駐德國大使與德國外交部就簽訂同盟條約一事舉行過多次談判，因日方不願立即與德國簽訂軍事同盟，故談判困難重重。

此後，無論從奧特還是從大使那裡都捕捉不到一點有關談判的消息，很可能談判對他們也是保密的。佐爾格因為無法獲得德日談判的確切消息和內容而憂心忡忡。

然而不久，奧特帶來了好消息給佐爾格。一天，奧特把佐爾格叫到自己的辦公室告訴他，大使和他本人從日本陸軍總參謀部得知，德日談判正在柏林進行，德國外事局根本未參加談判，談判負責人是日本駐柏林使館武官小島及德國情報局局長卡納里斯海軍上將。奧特讓他幫忙擬一份密碼電報給柏林德軍司令部，要求提供有關談判的情報。

柏林一時沒有答覆，奧特感到很煩惱。他又讓佐爾格再發一封電報給柏林。德軍司令部終於覆電了。佐爾格從那裡

 **佐爾格**

了解到許多細節情況，但總的來說，談判仍在進行當中，結果尚不知曉。

後來，柏林派來了一位特別信使哈克來到東京，他是代表德國外交部和卡納裡斯祕密來到東京的。佐爾格在奧特的辦公室裡遇到哈克。哈克曾經與佐爾格在飛機上相識，於是，與奧特一起，他們三人便去東京一家著名的大飯店，喝酒敘舊。

從這個偶然的相遇中，佐爾格知道了自己想知道的一切：談判正在進展，並最終能簽訂軍事同盟條約；希特勒準備和日本共同攻擊蘇聯。哈克此行是來日本製造氣氛的，以便早日結成德日同盟。

這樣，在全世界知道德日兩國簽訂「防共協定」之前，蘇聯政府早就掌握其內情了。

1937 年近衛爵出任日本首相後，組織了一個「科學協會」作為他的智囊團，特邀大崎參加。大崎成了近衛的密友和謀士。這樣，大崎得以直接參與國家政治事務，並可對首相直接施加影響。從此，佐爾格便可因此而獲得更多的重要機密材料。

佐爾格根據大崎所獲情報的分析得出結論：近期內日本不會對蘇作戰，但它正準備全面進攻中國。他將這一結論報告了莫斯科。

7月7日，蘆溝橋事件爆發。7月10日，日本首相近衛、陸相杉山及外相一起舉行記者招待會，宣布日本全面對華作戰。

佐爾格想知道德國對這場戰爭的態度，所以他問大使：「我們德國記者是否應支持近衛？」大使把剛從柏林發來的電報給他看。電文中提到，由於日本對中國的戰爭牽制了日本的大部分力量，因而必然不利於進攻蘇聯。關於德日同盟條約的談判一事，德國外交部宣稱，他們不打算沒有報償而白白奉送禮品，由於兩國意見不同，無法結成同盟。

第二天，佐爾格從大使那裡知道，現在是日本向德國提出請求了。外相要求德國政府停止向蔣介石政府提供武器，陸相則堅持要德國從南京召回他的軍事參謀人員。

經過對來自各個方面的情報進行分析之後，佐爾格給莫斯科發送了一份密電：「日本人企圖在其他一些大國中製造假象，似乎他們打算對蘇作戰。但實際上，近期內日本不可能大規模進攻蘇聯。」

諜報史上的傑作

佐爾格努力促成奧特的升遷，以利於他控制德國駐日本大使館。1938 年 3 月柏林來電，提升尤金・奧特為少將，並任命他為德國駐東京大使。前任大使奉命回到柏林，出使倫敦。

21

佐爾格

　　此後，佐爾格就公開在大使館辦公。大使的保險箱終於對他敞開了。現在，他可以一連幾小時地研究第三帝國的絕密材料，有時乾脆把材料帶回自己的辦公室拍照或收藏在自己的保險箱裡。

　　1939 年初歐戰爆發後，佐爾格負責把柏林發來的官方電訊稿編成新聞簡報。此外，他還編新聞通報，分發給日本的報刊。

　　1940 年，佐爾格終於加入了納粹黨記者協會，他是以著名作家和記者的身分入會的。在此之前，他還應德國《法蘭克福日報》之邀，正式成為該報駐東京的特派記者。他的忠實的納粹黨記者形象終於塑成。接著，他還被任命為納粹黨日本地區的負責人。

　　德義日三國軍事同盟條約經過幾星期的談判後已在東京簽署。雖然三國軍事同盟條約中沒有提到締約國與蘇聯的關係，但這並不意味著這幾個國家不發動對蘇戰爭。蘇聯處在腹背受敵的恐懼之中。

　　希特勒真正的目的是什麼呢？奧特大使也不知道其行動計劃。好運還是伴隨著佐爾格的，一位從柏林來的信使給出了答案。這位信使是途經莫斯科到達日本的。佐爾格隨便問了一句：「蘇聯人對德國向西擴張有什麼反應？」信使聳了聳肩說道：「管他有什麼反應呢！反正元首已在 7 月會議上確

定了消滅蘇聯有生力量的計劃！」

德軍在莫斯科外圍陣地上發動進攻 1940 年 10 月 18 日，佐爾格首次向莫斯科發出警報：希特勒準備發動對蘇戰爭！

莫斯科馬上回電，要他們提供確鑿的證據，僅根據信使的話是不足信的。

透過與大使館的關係，各種情報源源不斷地從柏林發來。佐爾格經過仔細分析，最終發現，原來德國預定進攻英國的師團都是虛假的，而且三個月前，希特勒已把第四和第十二集團軍祕密調到東線蘇聯邊境上。

1940 年 12 月 30 日，佐爾格又發出如下密電：「在蘇聯邊境地區已集結了八十個德國師。德國打算沿哈爾科夫 - 莫斯科 - 列寧格勒一線挺進，企圖占領蘇聯！」

1941 年 3 月 5 日，佐爾格又向莫斯科發出如下密電：「德國已集中了九個集團軍共一百五十個師，以進攻蘇聯。」

接下來的兩個月間，德國信使及柏林國防部的警衛人員川流不息地從歐洲來到駐東京的德國使館，開始僅是順便提到，繼而則頻頻談論德國部隊從西線向蘇聯邊境的移動，還報導德國東線防禦工事已經完成等等。風聲日緊，佐爾格煞費苦心地捕捉德國可能入侵蘇聯的任何一點跡象，無線電技術專家克勞森則一個接一個地向莫斯科發報。

與此同時，日本特種部隊的報務員們越來越頻繁地截獲

佐爾格

到一個身分不明的祕密電碼，但一時還無法破譯出來。日本人因為東京有一個外國間諜網而惶惶不安。安裝著無線電測向儀的汽車到處巡迴搜尋，整個東京的反間諜機關都投入了行動。大使也曾對佐爾格提過，日本反間諜機關頭子曾到使館拜訪過他。

佐爾格深知，如此頻繁地向莫斯科發報，會加速暴露自己的組織，自己也處於危險之中。但是他認為，個人的生命與千百萬人的生命、與世界上第一個工農國家的安全相比，又算得了什麼呢？現在時間已經不多了，必須加快行動……

5月下旬，德國國防部特使抵達東京。經過與特使談話，佐爾格發現德國對蘇戰爭已成定局。德國決心占領烏克蘭糧倉，利用蘇聯戰俘，以彌補德國勞動力的短缺。希特勒確信，襲擊蘇聯，現在恰是時候，因為對英戰爭一旦爆發，便無法迫使德國人打蘇聯，只有進攻蘇聯，才能消除東線的威脅。

幾天後，德國總參謀部另派了一位軍官來到東京，他帶來了給東京大使的絕密指示：「有關德蘇戰爭應採取的必要措施已完全確定，一切已準備就緒。德國將在6月下旬發起進攻。德軍一百七十至一百九十個師已聚集在東線。一下最後通牒，立即進攻。紅軍將崩潰，蘇維埃政權將在兩個月內瓦解。」接著，德國外交部的有關電報也到來。

5 月 30 日，佐爾格向莫斯科發出如下電報：「德國將於 6 月下旬進攻蘇聯，這是確鑿無疑的。所有駐日德國空軍技術人員已奉命飛返德國。」

發出電報後，佐爾格回到自己的寓所，這時已是東方欲曉了。

在寓所門口，他突然看到了大崎。大崎直接來寓所找他是違反祕密工作規定的，一定是有什麼緊急情況。大崎臉色蒼白地告訴他：希特勒親自接見了日本駐德大使，正式通知日本，6 月 22 日德國將不宣而戰地進攻蘇聯。希特勒要求日本於同一天在遠東地區向蘇聯發起進攻。對此日本大使宣稱，在與本國政府磋商前，他不能作出任何允諾。

佐爾格連寓所的門都沒進，立即跳上車，掉頭駛向克勞森的寓所急促地對他說：「快發報，快發報 —— 戰爭將於 1941 年 6 月 22 日爆發！」

急電發出後，佐爾格及其戰友們十分焦急地等待莫斯科的覆電，盼望蘇聯政府在外交上、軍事上作出相應的反應。他們全都明白這個情報的重要性，然而莫斯科一直保持沉默，不作答覆。

佐爾格百思不得其解，後來按捺不住焦急的心情，又口授克勞森立即發出如下的電文：「再次重複：一百七十個師組成的德國九個集團軍將於 6 月 22 日不宣而戰，向邊境發動進攻」。

 **佐爾格**

　　莫斯科終於給他們拍來了一個無線電報表示感謝。這是很不尋常的。但電文中並未提及蘇聯政府的反應，這令佐爾格感到不甚滿意。

　　6月22日，星期日，德國納粹背信棄義，撕毀蘇德互不侵犯條約，不宣而戰，悍然發動對蘇戰爭。全世界陷於震驚之中。

　　佐爾格向莫斯科口授了一封電文：「值此困難之際，謹向你們表示我們最良好的祝願。我們全體人員將在這裡堅持完成我們的任務。」

　　毫無疑問，佐爾格就德國襲擊蘇聯事先提出警告，是他的小組作出的最大貢獻，它可能挽救了整個蘇聯的命運。這無疑是諜報史上令人嘆為觀止的傑作。

　　蘇德戰爭爆發之後，蘇聯陷於兩難處境，一方面他們要抵禦德國納粹的瘋狂進攻，同時又擔心日本在遠東地區發動對蘇戰爭，導致腹背受敵的局面。

　　莫斯科陷入極度的惶恐之中。6月26日，他們電告佐爾格：「告訴我們日本政府做出的有關我們國家和德蘇戰爭的決定，日本軍方因蘇德戰爭而進行動員，並調遣部隊到大陸的資料，以及有關日本軍隊向我們邊界移動的情況。」

　　在此之前的三個月裡，佐爾格和大崎一連好幾個星期專心致志地研究了日本在北方的軍事部署，他們就已收集到的

日本軍隊的作戰狀態、軍隊的數目、駐紮地點、師長及主要軍官姓名等情報逐條加以核實，勾畫出一張草圖，由「藝術家」宮木描繪製成。在這張草圖的基礎上，他們還著手進一步收集和修正情報。

佐爾格根據已掌握的情報和近來的形勢分析得出結論：日本軍隊已進入完全作戰狀態，但向北方進攻的意圖不明顯。

與此同時，日本軍隊則擺出另一副架勢。7月2日，日本政府和軍隊舉行御前會議，天皇參加並批准了重要政策決定。陸海軍制定了新作戰計劃，制定了北方前線與西伯利亞邊境以及華南前線與太平洋的作戰部署。會議透過了重要決議：日本將爭取支那事件的圓滿解決，但同時準備，一旦北方或南方發生緊急情況則將進行普遍動員，以便向不論哪個方向調遣軍隊。

會議後一週，奧特收到日本政府有關會議決策的扼要報告。

奧特大使把這一聲明解釋為日本的真實意圖是在北方進行動員，他們將在北方增兵，進攻西伯利亞，而在南方持守勢。大崎則告訴佐爾格：近衛首相的看法是，日本為支那事件忙得不可開交。由於他對正在進行的日美談判究竟會產生什麼結果還未摸底，因此不願與蘇聯交戰。

佐爾格

　　佐爾格經過分析各種資料得出以下看法：日本將採取措施保住它在北方的地位，而不是真向蘇聯進攻，但在南方向印度支那發動進攻是無疑的。佐爾格將此看法電告了莫斯科。

　　與此同時，日本政府一個大規模的普遍動員計劃開始了。佐爾格、大崎和莫斯科都憂心如焚，擔心日本政府會把如此大規模的動員作為既成事實而加以接受，而動員本身則可能導致對蘇戰爭。他們關心的重要問題是：各師動員起來後，準備開往何地？

　　佐爾格的小組成員各自加緊執行自己的主要任務。大崎計劃製作一張包羅萬象的圖表，摸清調往東北的部隊的數目，以及日本為進攻蘇聯在滿洲進行準備的狀況和規模。動員計劃的細節由宮木提供，他可以從他軍隊裡的情報員那裡蒐集到材料。佐爾格則負責從德國使館搞情報。

　　大崎的第一批報告未免有點讓人感到緊張：「不難證實，日本既向北，又向南調兵，但我無法找出到南北方向去的比例。」

　　接著，他便前往中國東北實地調查去了。來自宮木的報告也支持這種看法：「應徵入伍者組成若干小組，有的人發冬裝，有的人則發夏裝，然後把他們分派到已經建制的部隊。」接著，來自大崎和宮木的報告又補充說：「因為美日關係進一步複雜化，部隊大部分將開往華南。」

　　佐爾格日夜苦思，勾畫出了總部署的輪廓。動員分三個階段進行，總共為兩個月的時間。第一階段為十五天，計劃7月8日前完成，徵兵共一百三十萬人，7月底以前軍隊徵用一百萬噸商船運輸。佐爾格還注意到，動員進展緩慢，根本不能按計劃完成。

　　儘管有柏林方面不斷施加的壓力和德國軍官對日本人施加的影響，經過與土肥原、岡村兩位將軍的談話後，奧特才不得不相信，日本的進攻非得等到紅軍潰敗到日本進攻有絕對把握的時候，否則，他們絕不輕舉妄動。土肥原指出，日本由於石油匱乏，不能參加一場曠日持久的戰爭。除非確信能夠速戰速決，否則絕不發動對蘇戰爭。奧特還說，日本認為蘇聯能維持到今年冬天。

　　8月20日至23日，日本最高統帥部在東京召開會議，討論對蘇作戰問題。會議決定當年不向蘇聯宣戰，但有以下保留：陸軍在下面兩個條件得到滿足時便開始作戰：關東軍力量超過紅軍三倍時；有明顯跡象說明西伯利亞軍隊內部瓦解時。

　　大崎把這個情況向佐爾格作了匯報。佐爾格亦將此情況電告了莫斯科。

　　佐爾格為了分析戰爭而鑽研日本政策、計劃，其詳盡無遺和準確無誤，真可謂達到了盡善盡美的程度！上自大崎

佐爾格

在近衛左右的好友，下至宮木的軍人關係，以及他本人與德國大使館高級官員的談話，凡是他蒐集到的情報都要相互驗證，對從 7 月 2 日御前會議到 8 月 20 日至 23 日日本最高統帥部會議不斷透露出的高級決策，他都要全面考慮，仔細加以分析。他工作之認真細緻，堪稱諜報活動的楷模。

從春季以來，由於遠東和平與戰爭的局勢變幻莫測，佐爾格的工作更顯得特別謹慎，這是他長期諜報經驗的結果。

大崎終於完成了小組的調查任務，從中國東北迴來。佐爾格對他的工作感到非常滿意。

佐爾格以日本春秋兩次動員的調查和大崎調查報告作基礎，結合日本的資源、生產、經濟結構、國家財政收支和軍事力量等大量數據和材料的分析，從中得出結論：日本無力進行長期的戰爭，不可能同時多面出擊。

9 月 6 日，他致電莫斯科：「只要遠東紅軍保持一定的戰鬥力，那麼日本就不會發動進攻。」

之後他又從探討日本與美國以及日本在南方、亞洲和太平洋地區的戰爭與和平問題入手，加緊研究日本的意圖。

1941 年 10 月 4 日，佐爾格向莫斯科發出最後一封、也許是最重要的一封電報：「蘇聯的遠東地區可以認為是安全的，來自日本方面的威脅已排除。日本不可能發動對蘇戰爭。相反，日本將在下幾週內向美國開戰。」

　　莫斯科很快覆電，對他們的工作感到非常滿意，並宣布：佐爾格及其東京小組的使命已告完成。佐爾格和他的戰友們感到無比的激動和欣慰。

　　可以說幸虧有佐爾格提供的情報，才能使蘇聯乃至全世界倖免於納粹德國的長期蹂躪。

　　就在佐爾格他們緊張地收集情報的時候，日本警察局特高課的成員們也在加緊搜捕活躍在東京的最大間諜網的活動。宮木和大崎先後被捕。1941 年 10 月 18 日清晨，佐爾格在自己的寓所被捕。第二天，克勞森也遭到了同樣的厄運。

　　為這一案件，日本警察逮捕了有關人員三十五人。奧特的大使職位被撤消，並被遣送回柏林。

　　日本警察局對佐爾格進行嚴密式的審訊。佐爾格遭到了殘酷的折磨和嚴刑拷打。1944 年 10 月 7 日，他與大崎一起以叛國罪被祕密處死，終年四十九歲。

　　克勞森被釋放後，經海參威祕密逃往莫斯科。他後來成為一家企業的管理人員，過著默默無聞的生活。

　　1964 年，沉默了二十年的莫斯科當局公開了佐爾格的祕密，並於佐爾格逝世的忌日追認他為蘇聯的最高英雄。蘇聯報刊發表了許多文章，頌揚他在第二次世界大戰中作出的貢獻。莫斯科的一條大街、蘇聯的一艘油輪分別以佐爾格的名字命名。

佐爾格

　　1965 年春，蘇聯為紀念佐爾格發行了一枚面值為四戈比的紀念郵票。郵票的紅色背景襯托著一枚蘇聯英雄勳章和佐爾格的肖像。

祕密戰役

 **祕密戰役**

德英鬥智

1940 年 4 月 9 日，德國採用調虎離山之計大規模地實施了在挪威各港口的登陸，而英國對此舉竟毫無察覺。事後，英國採取「移花接木」之計，以牙還牙，製造實施了造成德義納粹軍隊傷亡、被俘達二十二萬之多的「肉餡行動」。

1940 年 4 月 9 日，在納粹德國軍隊占領波蘭之後的第六個月，被勝利所鼓舞的德國海軍竟無視強大的英國艦隊，以兩艘戰列巡洋艦、一艘袖珍戰列艦、七艘巡洋艦、十四艘驅逐艦、二十八艘潛艇的兵力，掩護三個師的陸軍，不遠千里，同時在挪威各主要港口登陸，配合當時在挪威各主要城市著陸的空降部隊，完成了代號為「威塞演飛」的占領挪威作戰的最初戰鬥行動。而英國皇家海軍預先對德國海軍這一在第二次世界大戰中實施的最大規模作戰行動竟然毫無察覺和防範。

德國海軍之所以能夠達成這一大規模作戰行動的突然性，原因是多方面的：英國政府當時推行的姑息政策、寬闊的北海和挪威海海區惡劣的氣候等等，都為德軍的成功提供了條件。尤其值得指出的是，德國海軍情報機構當時根據破譯的大量英海軍密碼電報，全面摸清了其臨戰部署、調動、作戰企圖等重要情況，並適時在入侵挪威前制定和實施了調虎離山之計，從而對戰前迷惑英軍，隱蔽登陸企圖、時間和

地點，進而贏得整個作戰行動的成功，起了關鍵的作用。正如英國海軍部「潛艇追蹤室」副主任派翠克‧比斯利少校在1977年所寫的一篇題為《英國海軍部作戰情報中心與大西洋戰役》的論文中談到的那樣：「德國海軍的8B機關早在戰前就破譯了一些英國海軍的行動和作戰密碼。儘管當時德國人從未把所有的電報都譯出來，而且破譯過程中延誤時效也相當嚴重，但這已經使他們在挪威戰爭期間受益匪淺。」

　　二次大戰前，德國所需要的鐵礦石很大一部分來自瑞典，而且主要是透過挪威北部的納爾維克港轉口運輸。早在1939年9月19日，當時的英國海軍大臣邱吉爾就迫使內閣接受了他提出的「在挪威領海布雷，阻止中立國挪威從納爾維克港向德國運送瑞典鐵礦石」的提案。1940年3月，邱吉爾在內閣會議上首次提出了在挪威登陸的作戰計劃，然而這一計劃卻由於英國政府內部綏靖分子的阻撓而未能付諸實施。與此同時，鑒於挪威重要的策略地位，1939年10月，德國海軍總司令雷德爾海軍上將在一份報告中向希特勒提出：英國海軍一旦封鎖和占領挪威，將給德國造成巨大的軍事和經濟壓力。1940年1月，希特勒明確指示德軍總參謀部制定入侵挪威的計劃。2月16日，一艘從南大西洋向德國運送英國戰俘的德國商船「阿爾特馬克」號在挪威水域被英艦截獲，以及英法宣布於4月8日之前在挪威沿海布雷阻止德國從納爾

祕密戰役

維克港運出鐵礦石的聲明，最終導致了德軍入侵挪威的軍事
行動。

美陸戰隊員正在發報實際上，早在德軍入侵挪威前幾個
月，德國海軍情報機構的密碼破譯部門——N機關，就從
截獲到的一份英國海軍電報中得知了英國海軍大臣邱吉爾制
定的關於在挪威納爾維克港布雷，進而占領該港，切斷德國
鐵礦石運輸的計劃。同時，德國海軍情報機構還透過密碼破
譯獲悉了英國海軍在北海和挪威海的兵力部署及作戰企圖的
情報。從戰後公布的德國海軍情報局資料看，該局在 1940 年
3 月 13 日發出的一份電報反映：這一天，密碼破譯部門破譯
了英國海軍部命令其驅逐艦隊歸屬本土艦隊總司令指揮的密
電。柏林方面注意到驅逐艦隊力量的加強和集中，在斯卡帕
弗洛的皇家海軍艦隊的行動是這一戰區重要的敵對行動。此
外，無線電偵察單位再次成功地以破譯密碼的辦法截獲了英
國潛艇新部署的詳情。他們判斷與以前觀察到的北海潛艇分
布情況相反，今天在斯卡格拉克有十五艘英國潛艇（是以前
的二至三倍）整裝待發……這或者是為了從側翼保護己方計
劃在挪威發動大規模登陸行動，或者是已發現了德方的一些
準備行動，害怕德國攻打挪威領土。

沒過多久，德國海軍情報機構又透過破譯英國海軍的密
碼電報，發現英國海軍當時只是一般地判斷德軍可能在挪威

登陸，而並未搞清德軍具體的登陸地域和時間。針對這一情況，德國海軍司令部決定使用一個「調虎離山」之計，以便把英軍的注意力從挪威方向引開。挪威登陸作戰開始前，德國海軍大洋艦隊首先派出一支佯動編隊駛往挪威北部的納爾維克海區活動，當在北海和挪威海游弋的英國本土艦隊駛向該海域尋德國海軍編隊決戰時，德國主力艦隊便順利地通過斯卡格拉克海峽，掩護陸軍部隊在挪威南部的奧斯陸、卑爾根地區和中部的特隆姆地區登陸。從挪威的軍事地理環境看，在特隆姆登陸成功，等於卡住了整個挪威的策略咽喉。在爾後執行這一佯動計劃中，儘管駛抵納爾維克海域擔任誘敵任務的德海軍編隊中的幾艘驅逐艦被英艦擊沉，但這卻保障了登陸作戰順利實施。

其實，當德軍在挪威南部和中部地區實施登陸作戰前，英國海軍情報機構並不是一點也沒有發現有關徵候。1940 年 4 月 7 日，當德軍在挪威登陸的前兩天，英國海軍情報處從一份破譯出的德國海軍電報中，得知德軍的一支艦隊正由丹麥哥本哈根外海駛向挪威沿海。同時，這一情況很快得到了來自英國駐哥本哈根總領事館的證實。而這一重要情報卻未引起皇家海軍部的足夠重視。兩天之後，德國海軍就在挪威沿海登陸了。

1940 年上半年，德軍以閃電般的速度，先後占領了挪

威、丹麥、法國等國，6～7月分制定了進攻英國的「海獅」作戰計劃，進一步出兵英國似乎已成定局。對此，英國海軍情報處當時除了設法及時準確地搞清德國海軍的作戰部署和進攻時機、地點外，還千方百計地迷惑和欺騙德國海軍，極力使其相信英軍已經作了充分的抗登陸作戰準備，進而動搖德軍渡海進攻英國的決心。例如該處對外廣為散布「英國海軍在英吉利海峽增設布雷區及商船，大量使用反魚雷網」等假情報，並極力誇大反魚雷網的作用。

面對德軍「調虎離山」之計的成功，英軍則採用了「移花接木」之計，以牙還牙。

1943年9月，一名代號為「3725」號的德國間諜在英國跳傘降落時被英軍逮捕。不久，皇家海軍情報處按照「移花接木」的方式利用他的代號為英軍服務。在爾後的戰爭期間，皇家海軍情報處經常以這個間諜的名義向德軍情報局提供情報，干擾其作戰決心；有時也發去一些無關緊要的真實情報，騙取德軍的信任。特別是當德軍決心橫渡英吉利海峽入侵英倫前夕，英國海軍情報處幾次以「3725」號間諜的名義，向德軍情報局謊報英軍在該海峽的布雷數量和區域。謊報的數字比實際數字往往多出幾倍甚至幾十倍，從而給德軍造成了巨大的心理壓力，對德軍推遲直至取消入侵英國的計劃起了很大作用。有趣的是，在此期間，德國海軍情報局不

但始終確信這一冒牌「3725」號間諜提供的情報，而且為其
電授一枚鐵十字勳章，以示獎勵。

製造假情報

　　1943 年 1 月 12 日，著名的卡薩布蘭卡會議祕密召開。會
議決定了 1943 年的戰爭指導方針：1943 年以打敗納粹德國為
目標，待 1943 年秋末開始的北非戰役結束後，首先攻占西西
里島。為達到戰役上的突然襲擊效果，決定採取必要的隱蔽
手段。採取的隱蔽手段便是「肉餡行動」。

　　1943 年 3 ～ 4 月，軸心國軍隊在北非的敗局已定。

　　當北非戰役結束後，盟軍在歐洲的下一個目標將是西西
里島，這對於德軍來講似乎已經昭然若揭了。正如英軍統帥
邱吉爾所說：「除了傻瓜，誰都會明白下一步是西西里。」
西西里島是地中海的最大島嶼，由於它地處要塞，策略地位
十分重要。德國和義大利對該島實行了重兵防衛，在這個面
積僅有二點五萬多平方公里的島嶼上，部署了十三個主戰師
和一千四百多架飛機，總兵力達三十六萬人。面對德義龐大
的守軍，盟軍只靠武力進攻西西里島，肯定會付出巨大的代
價。用什麼辦法才能欺騙希特勒呢？經過研究，盟軍統帥部
認為，只有一個辦法可行：那就是利用希特勒很可能作出的
一個判斷，即西西里是一個過於明顯的目標，因而盟軍打算

祕密戰役

在南歐沿海其他地區大規模登陸。如果是這樣的話，盟軍的下一步企圖將會選擇兩個地方登陸：一個是希臘，以便向巴爾幹推進；另一個是撒丁島，以作為進攻法國南部的跳板。於是，第二次世界大戰中一次重大的策略欺騙，一個以假亂真的「肉餡行動」開始了。

卡薩布蘭卡會議後半個月，在倫敦皇家海軍情報處，年輕的空軍中尉喬治正在受領任務。

「要使戰役取得成功，務使敵方不能察覺我方意圖。」馬西爾中校看了看手中的密電，繼續說：「當然，敵人也會拚命派出間諜進行刺探，保守機密並非易事，所以……」

「以虛掩實，以假亂真？」喬治順口接上話。

馬西爾中校神祕地笑了笑：「將計就計！年輕人，你很有頭腦。來，我們看看地圖。」

喬治隨馬西爾中校到了隔壁房間的大幅地圖前。

「下一個攻占目標是西西里島。原因有三：一是確保地中海的制海權；二是間接支援蘇德戰場的紅軍；三是對義大利施加壓力。這次戰役的代號為『愛斯基摩行動』。」

馬西爾中校帶著一種軍人的神聖感說完了這番話。他眉頭一皺，又說：「目前的幾個方案都不甚理想。有一個空投公文包的計劃，可太明顯，且空投地點未定。」

喬治點燃了兩支雪茄，遞給中校一支，久久凝視著地圖

上那片藍色的部分。「空投，空投……」他自言自語。

　　突然，他眼睛一亮，說：「中校，能否用屍體！對，屍體！用一具屍體扮成一個參謀軍官，攜帶絕密文件，在去往非洲英軍司令部進行聯繫的途中，因飛機失事墜入大海，軍官的屍體落入敵手。」由於激動，喬治忘了自己是下級，眉飛色舞。

　　馬西爾中校沉思片刻，丟掉雪茄說：「很有意思，我看這個方案要重點考慮，要把參謀軍官的身分偽裝得真實些，如有任何一絲紕漏，這個計劃將前功盡棄。」馬西爾中校拍了拍喬治的肩，「喬治，我的眼力沒錯。待方案批准後，這個任務正式交給你完成。」

　　方案很快批了下來。連續幾天，馬西爾和喬治在隔音室裡想著計劃實施的每一個細節，只怕有一絲疏漏。

　　「喬治，設想你自己是德軍諜報人員，當你聽到打撈上來一具屍體，且帶有重要文件，你首先的反應是什麼？爾後又是什麼？」

　　喬治想了想說：「首先我是驚喜，爾後我就開始懷疑，是否會上圈套？爾後就會開始調查，調查死者身分，親屬關係；對屍體進行解剖，看死的時間、死因；情報準確度；敵軍是否會改變已洩漏的計劃……」

　　「好，先別說得太多，一件事一件事地落實。」中校打斷

41

祕密戰役

了喬治的話。「看來，我們確實需要做好充分的思想準備和物證準備。」

尋找屍體的工作在祕密進行著。喬治拿著墨綠底印紅字的特別證件，出入各種場所，親自尋找屍體。德軍空襲倫敦，每天都有數百名市民死亡，可是被炸死的人和飛行事故溺死的人壓根兒就不一樣，況且一旦出現軍方尋找屍體傳聞，整個計劃不露自洩。

喬治裝成病人親屬在事先打聽好的因患肺病剛死去的病人旁痛哭。這位三十多歲的男子，相貌堂堂，高大英俊，只是由於肺病的折磨略顯清瘦，據紅十字會醫院的人講，他很憂鬱，母親在空襲中命歸黃泉，他曾當過兵，後肺病復發，只好退役，他從骨子裡恨希特勒，只恨手無縛雞之力。

「表哥，你去得太早，在上帝面前，你會原諒我的，我們都在為反納粹而戰。」喬治在屍體旁痛哭。醫護人員同情地看著喬治，幫他把屍體抬上板車，喬治在霧濛濛的黃昏，穿著一身骯髒的工裝，推著板車拐進了一個小巷中，消失在夜幕中。

屍體來源問題解決了，屍體的偽裝又成了問題。喬治到了內政部，找到尚在實驗室的病理學家羅伯納·卡里爾教授，悲痛地說：「我女友露西的哥哥從法國來找她，沒想到船被德軍擊沉了，好多天過去了，沒有他的消息，可能是死了。」

「別難過，年輕人，戰爭是殘酷的。」教授安慰喬治。

「教授，您想想，如果他活著掉進海裡，經過幾天的漂流後，沖上海灘是什麼樣子？」喬治焦急地問。

「如果他幸運不餵魚，他會不自覺地溺斃，或是穿著救生衣冷至昏厥而被凍死。不過，不管怎樣，屍體外表不會有鈍器傷，且肺內應有積水。」

喬治告別了教授，「積水」兩個字一直纏繞著他。他又一次偽裝到紅十字會醫院查了「屍體」的病歷：肺部有少量積水。「終於符合要求了。」喬治感嘆道。

馬西爾中校和喬治再次研究了誰有可能解剖屍體。「醫生可能是西班牙人，因為屍體按計劃要漂到西班牙的畢爾巴鄂港附近。」喬治繼續說：「佛朗哥統治下的西班牙，對軸心國採取了友好態度，那裡有德國能幹的諜報機構，耳目眾多，消息靈通。一旦發現那具屍體，就會把屍體身上的密件交給德國諜報機構。而解剖屍體的醫生可能性最大的是在德國諜報機構監控下的西班牙醫生，他們解剖比德國醫生解剖對我有利。」

馬西爾中校點了點了點，立即起草了一份「死屍詐騙」報告，簽名後，立即送到軍事情報總局五局，皮赫特局長看過後，批上了幾個字：「計劃可行。速密送唐寧街10號。」

正式計劃批下來了，定名為「肉餡行動。」

祕密戰役

「肉餡行動」的實施要領是：

- 屍體約三十五歲，身高一百八十五公分，體重一百七十八磅，無外傷，肺部有少量積水，著陸戰隊少校野戰軍服，無帽，外著桔黃色救生衣（便於打撈）。
- 計算好潮汐，用潛艇把屍體運到畢爾巴鄂港，拋棄屍體。
- 把裝有密件的文件袋繫在屍體的內腰帶上，造成飛機失事保護文件的假象。
- 把屍體裝入特別容器內，裡面塞滿冰塊。重量四百磅。容器外面用油漆漆上「光學機械」字樣，通知潛艇乘務員要試驗新式武器。
- 預先知道本計劃的人，只限於直布羅陀軍港的諜報處長和潛艇艇長。
- 計劃實施後，回電：「『肉餡行動』實施完畢。」

在實施「肉餡行動」過程中，最棘手的是密件的形式和內容。形式不當，內容不巧妙，敵人也不會輕信，但二者都做得太過分，又容易讓敵人認出是圈套。怎麼辦？經過反覆論證，英國諜報機構決定由英軍總參謀部的實權人物皮爾德·奈副總參謀長寫一封親筆信給英國駐北非突尼斯的遠征軍司令部華德·亞歷山大將軍。如此，德軍統帥部會把這封信作為極為珍貴的材料而加以重視。

密件內容的偽造似乎更要小心謹慎。信的內容表面上是

寫別的事，但卻遮遮掩掩地透露點情報。怎樣才能裝得逼真呢？經過多次考慮後決定讓亞歷山大將軍指揮的突尼斯軍隊（歸屬艾森豪威爾將軍統轄）西進，攻擊撒丁島；讓亨利‧威爾遜指揮的埃及部隊（歸屬蒙哥馬利統轄）東進，從希臘長驅直入，強攻巴爾幹半島。事實上，當時盟軍缺乏登陸艇，絕不可能多線作戰，德軍怎麼也想不到盟軍缺乏登陸艇，這就鑽了德軍的空子。

馬西爾中校把密件的樣稿起草後，立即呈報最高當局，總參謀部擔心計劃易被德軍識破，但仍上報了首相邱吉爾，並提出了計劃操作的可行性及目的性。邱吉爾對這個計劃很感興趣，說：「即使計劃失敗也無關大局嘛！」一句話減輕了下屬們的壓力。

奈副總參謀長當即按計劃給亞歷山大將軍寫了親筆信。信封上註明「私人信件，絕密」，接著是親暱的稱呼：「親愛的亞歷山大將軍」，看起來確實是一封筆調輕鬆的私人信件。信中隨意通報了由於敵軍大力加強希臘方面的兵力，眼下我方正在增援威爾遜的部隊的情況，他寫道：

「大象（威爾遜的綽號）：一直想以西西里島作為『愛斯基摩行動』的煙幕，但西西里島已決定用作『硫磺行動』的煙幕。你注意在『硫磺行動』開始後進攻撒丁，令空軍猛烈轟擊西西里島，故作

祕密戰役

假象，使敵軍認為我方當真要在西西里島登陸。這樣，西西里島用作『硫磺行動』的煙幕，敵軍更易上當。」

「愛斯基摩行動」本是盟軍攻占西西里島戰役的代號，可信中故意張冠李戴。信中雖提及「硫磺行動」等實實在在的作戰計劃，但那是讓德國方面感到盟軍要預先進攻希臘和撒丁，為矇蔽德軍的耳目才施放的煙幕，玩弄的花招，裝作目標在西西里島的樣子。

目的之一，就是要使德軍相信盟軍的真正作戰目標不是在西西里島，西西里島是屬於戰役的內容，只不過是個「煙幕」而已。

死亡的「情報軍官」

屍體到底裝扮成誰呢？

英國諜報局局長卡爾少將、馬西爾中校和喬治中尉組成的特別小組又開始挖空心思地設計這個特殊人物。

「把這『誘餌』裝扮成陸軍吧！」喬治想到這樣做比較合適，加之他也曾執行這類任務。

「不！」馬西爾看來早已想過這個問題。「屍體一旦被西班牙政府引渡給英國領事，領事自然要報告給英國外交部，而外交部移交給陸軍當局時，會給陸軍部帶來很多麻煩，且

陸軍各方面情況複雜，搞不好會露了馬腳。」

「海軍呢？」喬治揚眉問道。

「海軍更不合理，讓一個海軍軍官帶著這樣重要的信件從飛機上摔下來，似乎有些風馬牛不相及。何況軍服很麻煩，因為再沒有比英國海軍軍官那麼繁瑣的了，加之戰亂期間穿正規禮服不合理，穿簡單了又容易露馬腳。」馬西爾看了一眼站在窗前的卡爾少將，繼續說道：「我建議將此人扮成陸戰隊軍官，一則陸戰隊人少，即使官方有什麼異議，也無關緊要，不像陸軍那麼顯眼；二則陸戰隊服裝簡單，穿一身普通野戰服，不易引起疑義；三則陸戰隊軍官執行特殊任務的較多，順其自然。」

「好，就這樣定了。」卡爾少將不等馬西爾的話講完就拍板敲定了。看來他對這個問題已經思考成熟。「下一步的任務有幾項：一是搞張穿軍服的照片，這很關鍵，德軍對軍官證查得很仔細，包括證件的紙張都得一樣。二是選個大眾化的名字，這樣可給德軍造成調查上的困難。三是盡可能齊全地準備私人物品。準備完畢後向我報告。」

「是！」馬西爾和喬治立正行了個軍禮。

從局長辦公室出來後，他們直奔檔案處，調案查了陸戰隊花名冊裡少校一項，同姓最多的是馬丁，於是決定叫威廉·馬丁，因為威廉這個名字到處可見。有了名字，又編了

祕密戰役

住址和出生年月等細節。

　　喬治中尉立即去了冷凍室，拍了「馬丁少校」的照片，拿著這張照片跑遍了倫敦附近的部隊，尋找「馬丁少校」的影子。由於「馬丁少校」是淺黃色頭髮，喬治盡量尋找淺黃色頭髮的小夥子，因為即使是黑白照片，德軍的分析技術在世界上也是一流的。在三十五個候選人中，喬治相中了一位空軍機械師，頭髮、額頭、隆鼻、嘴唇都很相似，只是略為瘦了一些。喬治有些拿不定主意。

　　「我看可以。」馬西爾說，「馬丁少校在海水中泡了以後要變形，加之照片有可能是年輕時照的，這點誤差允許存在。」喬治終於鬆了一口氣。

　　考慮到軍官證不能是嶄新的，因而假裝由於「馬丁少校」的疏忽而遺失，是最近補發的。這樣，即使在紙張分析上比較新一點也不致引起懷疑。補發日期是 1943 年 2 月 2 日。「肉餡行動」預定在 4 月下旬實施。所以喬治把軍官證裝在身上到處走，一有時間就在褲子上磨蹭。有一次，在女朋友麗姆處，被麗姆發現，「威廉‧馬丁？」麗姆揚起她漂亮的臉龐問。「哦，他是我過去的一個朋友！」喬治搪塞道。半個月後，軍官證終於被蹭得光溜溜的。

　　馬西爾少校總有一種感覺，「馬丁少校」專程去送這封「筆調輕鬆」的私人信件，彷彿有種故作姿態、引魚上鉤的

感覺。經過一夜的冥思苦想，終於又想出一計。

第二天，他把喬治叫到辦公室。

「喬治，」馬西爾命令道：「你馬上去調北非艦隊司令官坎特安海軍上將的資料。」「是。」喬治轉身走了。

裝成是登陸艇的權威人士，攜帶一封作戰部長蒙哈特將軍給坎特安將軍的信，信中建議重用「馬丁少校」，由於少校身上帶著奈副總參謀長給亞歷山大的絕密親筆信，因而要求火速把少校送到亞歷山大司令部。這樣，「馬丁少校」隨身攜帶一封密信和一封附信，就儼然像一個信使了。

馬西爾將此事報告了卡爾將軍，卡爾立即找到蒙特哈將軍，請求合作。

蒙哈特將軍聽完後很高興。「老朋友，這個計劃如果成功，我們的西西里島登陸就成功了一半。」他在地圖上西西里島的位置作了個手勢，彷彿西西里島已被盟軍占領。「哦，對了，我負責的《奇襲作戰》一書準備在美國出版，我早有打算請總司令艾森豪威爾寫篇序言，這次我還可以寫封信給他，連同書的清樣裝在一起，請那位『少校』帶走，這樣豈不更能以假亂真？」

蒙哈特在信中介紹說「馬丁是一位登陸艇專家，他起初總是沉默靦腆，但他確實有兩下子。他在迪埃普對事態的可能趨勢比我們當中一些人預料得更為準確，而且對在蘇格蘭

49

祕密戰役

搞的新式大船和設備試驗時，他也一直表現很好。懇請一待
攻擊結束，就立即把他還給我」，然後，蒙哈特又稍微暗示
了一下那個假目標撒丁島，在信尾寫道：「他可以帶些沙丁魚
來……」蒙哈特說：「沙丁魚在英國是配給的。」總之，這是
一個巧妙的騙局，每條線索都恰到好處。

卡爾將軍接納了作戰部長的意見。三封信連同書的清樣
裝進了文件袋。

文件袋的問題解決了，但僅憑這些，怎麼看「馬丁少
校」也不像一個實際存在的人物，好像還缺少人情味兒，使
人感到是個虛構人物。馬西爾和喬治從各個角度進行反覆研
究，意見取得一致後，喬治找來了夜總會的請帖和銀行的警
告通知單。警告通知單就是存戶開的支票超過了存款額，如
不及時補上缺額，就要公布於眾。為此，銀行事先要發出警
告。「馬丁少校」的超過額是七十九英鎊十九先令兩便士，
警告日期是 4 月 14 日。喬治特別注意了這個日期，絕不能
有絲毫的馬虎。讓「馬丁少校」出入夜總會，銀行給他發來
警告單，是因為敵人只看到那幾封信後，會感到他是一個十
全十美的模範青年軍官，太過於造作，不像個現實生活中
的人。

即使如此，馬西爾仍感到「馬丁少校」缺少人情味，「喬
治，給『馬丁少校』找位戀人吧？」

「戀人？」喬治帶著吃驚的表情，爾後大笑起來，「太妙了，馬丁老兄很有豔福，可是，哪位小姐願意做亡靈的戀人呢？」

「這就要看你的了，這人必須真實，又必須嚴守祕密，還要有應付德軍調查的靈活能力，絕不能找一般的小姐。」

喬治明白了馬西爾中校的意思。

「我明白了，我會做好麗姆的工作，並安排好一切。」

兩人對視笑了。喬治笑得有些不自然。

第二天，喬治向馬西爾中校遞交了「亡靈戀人方案」，並附麗姆的兩張照片。這兩張照片，喬治裝在上衣口袋裡很久了，經常看，正適合「馬丁少校」的「私人物品」。喬治雖然不情願，但實在沒有別的辦法了，只好忍痛割愛。

方案是這樣設計的：「馬丁少校」在一個偶然的機會認識了漂亮的芭蕾舞演員麗姆，一見鍾情，這種情況在戰時非常常見。兩人相戀後，「馬丁少校」就向她求婚，兩人剛訂了婚，「馬丁少校」就不得不作為密使而匆忙外出。情意綿綿，依依惜別。麗姆給「馬丁少校」寫了幾封情書，有的是在週末的宿舍裡寫的，有的是在剛下舞臺的化妝間寫的。日期是 4 月 18 日至 20 日。

喬治理解「馬丁少校」的心情，把麗姆給他的信叫麗姆再抄一遍，以「馬丁少校」稱呼，以防德軍調查筆跡。麗姆

終於明白了「馬丁少校」的真實含義,她勇敢地答應做這個危險的人物。喬治把幾封情書反覆打開,又折疊起來,用手把信紙自然揉皺了,很隨意地表露了「馬丁少校」相戀的心情。

馬西爾中校還偽造了兩個假證,一是一張付款通知單,這是「馬丁少校」為麗姆訂購結婚戒指未付款的通知單。珠寶店選在戰前就以德國大使館為顧客的邦德街的阿斯普雷珠寶店,便於德軍調查。二是假造了馬丁父親給他的來信,這是為了避免發生遺產爭執的繼承權問題。由於「馬丁少校」的地址變了,信件幾經轉投才收到。

襯衫、褲子直到手套都蒐集些半新不舊的,然後再洗乾淨,好像本人常用的東西,真可謂用心良苦。一個意外的麻煩是「馬丁少校」的衣服不好穿,屍體是冷凍的,手腳僵硬,只好解凍,選了套稍大一點的陸戰隊服,總算掩飾過去了。

一個活生生的「馬丁少校」誕生了。

清點一下他身邊的攜帶物品,種類繁多。其中有:文件袋、錢包、手錶、十字架(掛物)、軍官證、識別卡(軍人陣亡時識別姓名、所在部隊的卡片)、麗姆的信及裝在錢包裡的照片、夜總會的請帖、銀行的警告單、軍官俱樂部的收據、訂婚戒指的付款通知單、父親的信及信封上端的一角

（拆信時撕下來的）、一張五鎊的紙幣、三張一鎊的紙幣、四枚銅板、兩張公共汽車票、一串鑰匙、半截鉛筆、一盒火柴、半包香菸、「威爾斯親王劇院」兩張用過的戲票（4 月22 日）等。

實施「肉餡行動」

一切準備就緒。

首相府批准了「肉餡行動」的實施時間。

4 月 19 日晨，格里納克軍港被大霧籠罩著，汽車不停地響著喇叭，黃紅色的路燈時明時暗，一種神祕的氣氛充溢著格里納克軍港。

五時十分，運載屍體的「塞拉夫號」潛艇從格里納克港駛出。「塞拉夫號」潛艇在北非登陸作戰時，曾執行過祕密運送克拉克將軍（後為盟軍駐東京司令官）的任務。艇長傑克森少校有執行情報任務的經驗，馬西爾很看重他。

潛航十天，「塞拉夫號」抵達預定海域。艇長在靠近畢爾巴鄂港口一海里的地方觀察情況。

「獵鷹，獵鷹，我是海豹，我是海豹，聽到後請回答。」電波越過黑暗的海洋上空，抵達倫敦。

「我是獵鷹，我是獵鷹！請講 —— 」馬西爾中校表情嚴肅，譯電員緊張地操作著。

祕密戰役

「海豹報告，我們已抵『珊瑚島』，距『珊瑚花』一海里，可否採摘？請回答！」

馬西爾看了一下手錶，四時十五分。

「行動開始，四時三十分完畢！」

艇長命令一下，裝著『馬丁少校』的容器便被四位軍官從浮槽中搬了上來，放在甲板上。艇長對四位軍官嚴肅地說：「今晚大家看到的，明天必須忘掉，這事關乎英國的勝利，誰走漏了風聲，軍紀嚴懲。」

潛艇上的五十餘名水兵均被反鎖在艙裡，四軍官知道事情的嚴重性，因為這是潛艇上發生的第一件不相信自己人的事件。

那件銀白色的容器被打開了，令軍官們吃驚，容器裡既不是光學儀器，也不是什麼新式武器，原來是一具屍體！軍官們掀開毛毯，看到一具身著軍裝的屍體。四時三十分，在艇長的低聲命令下，屍體滑向大海。「馬丁少校」出征了，軍服的內腰帶上緊緊地繫著文件袋。「愛斯基摩行動」能否成功，關鍵要看這個文件袋了。

當即，倫敦收到信號：「『肉餡行動』實施完畢。」

三天後，一位在西班牙南部的韋爾瓦河口加的斯灣附近出海的漁民，發現海面上浮著一具屍體，他把屍體拉上小船，連同橡皮艇一起拖到韋爾瓦古老的摩爾斯漁鎮的烏姆布

利亞沙灘。數百名漁民和他們的孩子圍著這具屍體，看著西班牙軍警對屍體進行檢查、拍照。

屍體很快被送到西班牙的華爾斯醫院進行解剖。解剖結果：屍體是活著墜海溺死，肺部有少量海水，估計屍體在海上漂流了三至五天。

西班牙海軍辦事處查明屍體身分後，便將此事通知了英國駐韋爾瓦的領事，但由於西班牙當局與納粹德國的關係很密切（這也正是英國人把投屍地點選擇在西班牙的原因所在），他們在通知英國人的同時，也通報了德國在西班牙的間諜，行動迅速的德國間諜立即搶先一步，在英國領事認領屍體之前，已經將馬丁少校身上的所有文件全部偷拍下來。不久，文件的影印件就被送到德國總部柏林鑒定去了。柏林當局接到駐西班牙諜報局的報告後，一面立即著手進行鑒定，一面指示其諜報局代表提供更加詳盡的細節。

五天後，倫敦收到了駐馬德里的英國大使館海軍武官的第一個報告：「畢爾巴鄂港的英國副領事從西班牙憲兵那裡認領了漂流在海上的陸戰隊少校馬丁的屍體，屍體已被埋葬了。」文件袋的事，一句也未提及。

倫敦立即對馬德里大使館發出訓令：「馬丁少校隨身攜帶的私人物品，務必照會西班牙當局查明其下落，但應注意不要讓西班牙當局了解到文件的重要性。」

大使館很快回電：「西班牙政府全部完好地移交了馬丁少校的文件袋及其他遺物。」

文件袋一到倫敦，英國諜報局便用新的科學方法進行檢驗，終於從夾在紙上的夾子是乾的這個疑點，發現文件已被德國人用鹽水軟化紙張的技術方法拆開拍照複製了。

馬西爾中校立即給卡爾少將寫了份「『肉餡行動』實施完畢」的報告。

這份報告很快被送到了唐寧街十號的首相府。

同時，英國海軍公證司把馬丁少校的名字登在陣亡將士登記冊上。5月28日，《泰晤士報》公布了一批包括馬丁少校在內的陣亡將士名單，並發了訃告。經過英國駐西班牙使館的多方交涉，「馬丁」少校的屍體按照正式軍禮在韋爾瓦安葬。他的「未婚妻」特地送來一個花圈並附了一張「悲痛欲絕」的悼念明信片。英國駐韋爾瓦的副領事還為「馬丁」立了一塊儉樸的白色大理石墓碑，碑文是：

威廉·馬丁，1907年3月29日生於威爾斯的加的夫……為國捐軀，無上光榮，願君安息。

正如英國諜報機構所預料的，德國間諜在西班牙的活動極為活躍。畢爾巴鄂港的德國諜報人員意外地得到了「馬丁少校」的書信，他們如獲至寶。因為英軍奈副總參謀長致北非英軍司令官的絕密親筆信可不是那麼容易得到的。

實施「肉餡行動」

德國方面認真研究了密件和「馬丁少校」攜帶的物品，向希特勒提交了一份報告，「雖然文件的可靠性無可置疑，但尚須進一步調查有關細節。」

希特勒認真閱讀了報告，批示：事關戰局，慎重調查馬丁。

5月12日，一位中年人敲開了英國皇家劇院經理的辦公室，「對不起，經理，打擾了，我是希利少校，總參謀部的參謀，我們有位軍官在4月18日晚十七時失蹤，我想查查貴院的演出時間和劇目。據說他和他的女朋友當時在劇院。」

經理有些不高興。「戰亂時期失蹤個把人是正常的，我院最近未發生過綁架事件，請你說話注意，不要影響我院的聲譽。」但經理還是去查了演出紀錄表。「4月18日，嗯，演出《哈姆雷特》，時間是十九時整。」經理邊看邊說。

「打擾了！」「希利少校」退出門後想：與麗姆信上的《哈姆雷特》及戲票上的時間是一致的。他萬萬沒想到，喬治中尉與麗姆一起去看的戲，絕對是真的，只是喬治中尉剛到劇院，便被馬西爾召回執行公務去了。

「希利少校」沿著泰晤士河走了一站，抬頭望瞭望眼前的這個十層高的建築物「開倫」銀行，他走進銀行，乘電梯上到八樓，推開了行長菲利普的辦公室。

「你好，我是剛從北非回來的希利少校。」

「有事嗎？」菲利普行長沒抬頭。

「我是馬丁少校的同事。聽說他在貴行欠款久拖不還，我想請您查一下欠多少，上司命我來還。因為他已犧牲了。」

「馬丁少校？」菲利普行長用不易察覺的目光看了一眼希利。「可憐的人啊！願上帝保佑他！好，我查一下。」

行長假意翻出個紅皮大本，「嗯，一共是七十九英鎊十九先令兩便士。不過，他已為國捐軀了，這點錢就算了。」

「那就非常感謝了！」希利走出了辦公室。

「看來確有其事。」「希利少校」暗自想。「讓我再去考考那個麗姆小姐。」

他拿出在芭蕾舞劇團打聽到的地址，走進了一座淺黃色公寓，上了三樓，敲了 312 房間。

「誰？」一個小姐的聲音。

又敲了幾下，門開了，一個漂亮的小姐出來了。

「請問你是麗姆小姐吧？」

「不，我是瑪麗，麗姆同宿舍的，請進吧，她去買點心了。」

「我是馬丁少校的同事希利少校。」他注視著她。

「馬丁少校？」

「麗姆的男友啊？」希利解釋道。

「麗姆的男友是喬治啊！」

「希利少校」心中咯噔一下。為慎重起見，他想再證實清楚。

「你認識麗姆多長時間了？」

「上週搬來的，才認識。」

「麗姆，你可回來了，這是希利少校，說是什麼馬丁的朋友，馬丁是你原來的男友嗎！」

麗姆先是一怔，接著點點頭，拿出手帕擦起淚來，還真流下了淚。「沒想到他真狠心，丟下我不管了。」

「麗姆小姐，別難過，對他的犧牲，我們都很難過，你現在不是有男朋友了嗎？」「希利少校」單刀直入地問道。

他怎麼會知道？麗姆看了一眼瑪麗，明白了。「剛認識的，只是想從馬丁的突然離去中掙脫出來，我對不起馬丁。」說著又痛哭起來。

「馬丁的母親給他來信，談到了你們結婚的事。」

「不，是他父親來的信。」

「哦，對，我記錯了，你自己要多多保重。我住在米大街三十七號，有事找我，再見！」

「希利少校」說完後匆匆離去，回到他的公寓給德國局發報：

　　「『馬丁事件』基本屬實，如晚上十八時收不到
　　回電，即我已被抓，『馬丁事件』就是假的。」

祕密戰役

麗姆趕緊給喬治去了電話,講了「希利少校」的住址。

喬治找到馬西爾,建議用意外事故的方法,把「希利少校」抓起來,破壞他們的調查計劃。

「不。從目前情況看,進展順利,我們可以利用他,將計就計。」

薑還是老的辣。喬治佩服地看著馬西爾,佩服他的智慧。

十八時到了,沒有任何動靜。「希利少校」發報:「馬丁是真的。」

德軍確信盟軍肯定將同時進攻希臘和撒丁,於是,開始調整部署,不失時機地採取對策,這是德軍戰役方向的重大轉移。德軍指揮部在 2 月分時就已確定了盟軍的下一個攻占目標是西西里島,4 月底,即在密件得到之前,仍基於這種設想,一心從事防禦準備工作。

得到「情報」的希特勒一陣狂喜,根據這一「情報」以及德軍情報部門對此作出的判斷,希特勒在 5 月 12 日的一份命令中明確指出:

> 「在即將結束的突尼斯戰鬥之後,可以預料,英美聯軍將試圖繼續在地中海迅速行動……準備工作已經就緒,最危險的地區有下列各地:在西地中海有撒丁島、科西嘉和西西里;在東地中海有伯羅奔尼撒和多德卡尼斯群島。對此,我要求一切與地中海防禦有關的德軍指揮機構迅速密切合作,利用

> 一切兵力和裝備，在所餘不多的時間內，盡可能地
> 加強這些危險地區的防務。其中，首先應加強撒丁
> 島和伯羅奔尼撒的防務。」

5 月 14 日，希特勒在他的蓋希麗爾別墅會見了墨索里尼，向他透露了馬丁密件的內容，並且洋洋自得地說：「我想這的確是真的！在我們舉棋不定時，這個情報太重要了。」墨索里尼說：「我總有一種預感，覺得盟軍還是要進攻西西里島。」希特勒加重語氣說：「直覺總沒有情報重要，我們得到了可靠的情報！情報！」

盟軍搶灘登上西西里島第二天，希特勒召開了最高統帥部作戰會議，他命令：「所有與地中海防禦有關的德軍指揮部迅速密切協同，集中全部兵力和火器，在 6 月 30 日完成對撒丁島和伯羅奔尼撒（位於希臘南部）的集結和部署。」

奉希特勒的命令，隆美爾元帥被派往希臘，組織一個集團軍群，會同隨後從法國南部調來的第一裝甲師，在希臘東部的愛琴海域設下三道防線。希特勒又從蘇德戰場抽出兩個裝甲師，命九天內抵達希臘。同時，他又把黨衛旅派往撒丁島，從西西里島抽出裝甲部隊加強科西嘉島的防衛。而在盟軍要登陸的真正地點 —— 西西里島，其防禦力量卻較弱。

當陸軍元帥隆美爾把他的大本營搬到希臘時，盟軍集中主力於 1943 年 7 月 9 日夜在西西里島登陸了，這對於德軍來說是絕對意外的，以假亂真的「肉餡行動」計劃幫助盟軍成

 **祕密戰役**

功地攻占了這個具有策略意義的島嶼。此戰,德義軍隊傷亡及被俘二十二點七萬餘人,而英美軍隊僅傷亡二萬餘人。

　　能讓精明的德國人在二戰中竟然吃下如此大的「人肉餡」,的確是諜戰史上的傳奇。西西里登陸是二戰盟軍的一個策略轉折點,它敲開了法西斯的死亡之門,在這一事件上「肉餡」扮演了至關重要的角色。

驚心動魄的無聲戰場

驚心動魄的無聲戰場

邂逅情報局官員

盟軍從諾曼地海灘的縱深發展進攻 1944 年夏季，盟軍繼在諾曼地成功登陸後，於 8 月又在法國南部聖特羅佩登陸。在戰役過程中，美國特拉斯科特將軍的第六軍率先登陸，法國拉特爾·德塔西尼將軍的軍團尾隨其後，由亞歷山大·帕奇將軍率領的美國第七集團軍擔任後衛。儘管德軍作了些抵抗，但這次登陸畢竟打得他們措手不及，因此戰鬥傷亡不像一個半月前在諾曼地登陸時那樣大。這次登陸行動的代號叫「鐵砧行動」。

「鐵砧行動」取得了圓滿的成功。然而圍繞這次登陸戰在幕後還發生了許多鮮為人知的驚心動魄的故事。

1943 年，艾琳·格里菲斯大學畢業時，正值二十歲的芳齡。她的容貌十分俊美，可謂如花似玉。本來，格里菲斯完全可以在美國紐約找到一份十分理想的工作，以她的容貌當名模、進公司當職員或成為政府公務員都是不成問題的。然而此時二戰正如火如荼，美國人民為爭取戰爭的勝利投入了巨大的熱情。格里菲斯的心中也燃燒著一股愛國的火焰，她像許多有理想的小姐一樣，想為反納粹戰爭貢獻力量。

1943 年 9 月的一天，格里菲斯和女友艾米·波特參加一個家庭宴會，一個自稱約翰·德比的人微笑著湊向格里菲斯。

「漂亮的小姐，你準備當一名有名氣的模特兒嗎？」德比似乎有些討好地問。

「不！我可沒這種奢望。」格里菲斯小姐很堅決地回答。

「是嗎？為什麼？」德比有些詫異。

「我想投身到戰爭中去，到國外去。最好現在就參加戰鬥，到真槍實彈、硝煙瀰漫的戰場上去。」格里菲斯冷冷地說。

約翰‧德比以一種好奇的目光打量著格里菲斯小姐，說道：「你打算怎樣來實現你的理想呢？像你這樣漂亮迷人的小姐，生活在紐約既舒適又安全，為什麼要出國捲入這場血腥的大屠殺呢？你有男朋友嗎？」

「這與我的理想有何相干？」格里菲斯想，看來無聊的晚上就要開始了。

「嗯……這好像有點關係吧。」

「不，先生。事實上，我沒有男朋友。即使有，我認為也沒有什麼關係。」

德比輕微地點著頭，一聲不吭地打量著格里菲斯，接著問道：「你懂外語嗎？」

「在大學裡我主修法語，選修西班牙語。」

「噢，」德比意味深長地許諾，「好吧，漂亮的小姐，如果你真願意到國外工作，也許我可以助你一臂之力。」

驚心動魄的無聲戰場

格里菲斯也好奇地打量了一下德比。她的眼睛似乎在問：你是什麼人物？可以告訴我嗎？

德比依然微笑著自我介紹。格里菲斯這才知道德比是在美國戰略情報局任職，所以才說可以幫助她到國外去。格里菲斯表示非常感謝德比先生能幫助她實現夢想。

德比在臨分別時對格里菲斯說：「如果有一位叫湯姆森先生的人與你聯繫，你就會知道是怎麼回事了。」

一週後，果然湯姆森先生與格里菲斯聯繫上並見了面。

湯姆森說：「我代表陸軍部裡的一個部門與你聯繫，可以為你安排一些有意思的工作。你能在十天之內到華盛頓來一趟嗎？如果事情進展順利的話，也許你就永遠不用回來了。」

「太好了！我時刻準備著。」格里菲斯沉浸在興奮的遐想之中。

湯姆森說：「告訴你家裡，陸軍部要給你安排一個工作，需要找你談話。你來的時候帶上一隻手提箱，裝上幾件適合在鄉下穿的衣服。記住，衣服所有的標記要通通去掉。不要帶任何印有你的縮寫姓名的東西，也不要帶任何寫有你姓名的紙張和信件，要做到無法使人辨認出你的身分。這很重要，知道嗎？」格里菲斯嚴肅地點點頭，心中升起一種神祕的感覺來。湯姆森接著說：「你中午抵達華盛頓後，就直接去九號大樓，這是地址。祝你一切順利。」

格里菲斯照湯姆森的吩咐如期來到華盛頓大樓，她沒有想到，接待她的正是一個月前在朋友的家宴上結識的約翰‧德比先生。

這次會面，德比先生沒有像上次那樣過多地寒暄，而是直接就進入了主題。

「虎子。你以後就叫這個名字。只要你在這裡，人家就只知道你這個名字，知道嗎？你還有一個代號：527。」

德比直截了當地說道：「我們需要一個特殊的小姐去完成一項特殊的任務。我見過並調查過許多候選人，都是些大家極力推薦的人。但我認為，你最有可能通過必要的初試。我選你來，因為你年齡合適，學歷優良，懂幾門外語，長相標緻，而且，你有必要時願意作出犧牲的準備。當然，我們也對你進行了調查，一直查到你的祖輩，都沒有問題。現在，就看你是否能經受住一些特殊的訓練了。也許我過高地估計了你成功的可能性，但我希望不是這樣。」

特殊訓練

就這樣，格里菲斯跨入了美國諜報機構的大門。可是要成為一名真正的間諜，還有很長的路要走，首先必須通過的是嚴酷的訓練大關。

根據德比的安排，格里菲斯來到新諜員訓練隊開始接受

驚心動魄的無聲戰場

特務人員的專門訓練。格里菲斯受到訓練隊負責人威士忌的歡迎。威士忌是西點軍校畢業生，在聖西爾的法國軍事學院幹過一年。後來到英國受訓，在那裡成了白刃戰的教官，專門訓練派往敵後的加拿大和英國特務人員。

一同來訓練的，還有一個名叫皮耶的男子，格里菲斯被他深深地吸引住了 —— 這是她所見過的最有吸引力的男人，但她還是盡力按捺住怦怦跳動的心，表現出不動聲色的樣子。皮耶皮膚黝黑，像是一個經常在戶外鍛鍊的運動員，身材雖然不十分高大，但卻非常勻稱，充滿活力。

晚上七點，威士忌召集新來的隊員開會。他首先介紹道：「這裡是美國的第一所諜報學校。在這裡，你們將被培養成為特務人員。」說到這，他頓了頓，然後拖著長腔調，表情嚴肅地說：「如果你們能通過這裡的訓練，就將成為最近成立的戰略情報局的僱員。」

威士忌語氣緩和下來繼續說道：「我不得不有言在先，你們中間有些人甚至連兩星期都堅持不了。有極少數人，記憶力不夠強，反應過於遲鈍，或者吃不了苦，就會被淘汰。你們將經過一些相當艱苦的訓練，不管你們是否喜歡，你們必須服從每一道命令。」

聽完威士忌的訓話，格里菲斯感覺一陣頭昏眼花，能否經受住訓練隊的考驗，她現在還是個未知數。

　　第二天上午八點整，訓練隊正式開課。威士忌首先把一個叫「上尉」的教官介紹給新隊員。上尉沒有做任何開場白就開始講課，主要就是保密的問題。上尉說：「你們要牢記的第一件事是，我們這裡是一個祕密情報機構，而不是公開的新聞社。我們向軍方提供的情報都是絕密資料。知道這是什麼意思嗎？」說到這，他故意停了下來，然後在新隊員們的臉上逐個掃視一圈，繼續說道：「意思就是，你打聽到這種機密就有可能被槍斃。換句話說，一隻耳朵甚至不能告訴另一隻耳朵。現在，我們和德軍情報局以及蘇聯國家安全委員會一樣，都重視保守自己的祕密。在沒有得到允許的情況下，如果把這裡聽到的任何情況告訴他，那麼不管你是誰，頭銜有多大，都將以叛國罪判刑。」接著，上尉分析了當時的戰場形勢和諜報工作的有關問題，爾後開始訓練課。

　　首先進行的是心理訓練，由一個年輕人放電影，電影全是戰爭的恐怖場面。特別是一些不同情報機構工作人員被害的慘不忍睹的鏡頭：有的用刀凌遲而死，有的被綁在路燈柱上絞死，有的用手掐死，還有的被機槍掃射而死。新隊員們看了都不寒而慄，格里菲斯也在全身發抖，但他們知道，這是使他們的意志得到磨煉的基本方法，同時他們也真正得到了磨煉。

　　接著，訓練隊員被領進一個四周儘是保險櫃和裝有各種

驚心動魄的無聲戰場

鎖的大房間，一個細高個臉上總是堆著笑容的喬治先生在作了自我介紹後說：「在和敵人打交道前，你必須潛入他的房間，我在這裡就是要教你們這個本領。只要你能潛入房間，你就能打開任何保險櫃。現在都把手伸出來。」他看了看這些人的大拇指和食指指尖，「嘖嘖，都是新手，一看就知道。」說著，他拿出一把挫刀，說道：「每天早晨刷完牙的第一件事就是挫指尖肚上的皮膚，只要挫兩手的大拇指和食指就行了，這樣你們在探測密碼鎖上的標記時，就可增加敏感度。今天的課題是門藝術，據本人愚見，這是一門最精深的藝術。」

這天，喬治還向他們傳授了撬鎖和扒竊的技術。此後，相繼進行了野外訓練、肉搏戰訓練、收發報、密碼譯電等一系列間諜技能訓練。

就這樣，每天從黎明到深夜，格里菲斯堅持不懈地訓練。有時疲憊得連拍發摩爾斯電碼和機關槍掃射的聲音都區分不出。到訓練結束時，格里菲斯以自己頑強的毅力和刻苦精神，已經成為了一名出色的特務。

經過五周近乎嚴酷的訓練之後，格里菲斯奉威士忌之命去會見德比先生。德比對格里菲斯的訓練成績非常讚賞：「成績不錯，祝賀你，漂亮的小姐！有些人絕沒有想到你會幹得如此出色。」

誇獎完了以後，德比表情嚴肅但語氣卻非常溫和地對格里菲斯說道：「虎子，你能保證願意冒生命危險嗎？」

格里菲斯極力掩蓋自己焦慮的神情，下意識地擺弄了一下耳環，不知經過「過五關斬六將」似的訓練後，自己能否勝任在國外的工作，當聽到德比的問話，她立即充滿信心地答道：「能！」

「那麼，我們給你安排了一項任務。」德比略微停了一下，又接著說，「我們需要你去……西班牙。」

「西班牙？」格里菲斯驚奇地重複了一下。這簡直太出乎她的意料了，過去她猜想可能是去法國，也可能是去瑞典或瑞士，但從沒想到要去西班牙。「那麼就是說，我的各項測驗都合格了。」

「對。但在送你去之前，你還必須作更充分的準備。你必須熟悉西班牙的歷史和地理，能夠辨認出當今的政治人物。但要特別留神，不要讓人注意到你對西班牙感興趣。」

「那裡的任務帶勁嗎？我可不希望這是一項輕輕鬆鬆的任務。」格里菲斯真想一試拳腳。

德比聽完格里菲斯的問話，哈哈大笑起來，說：「你放心。請相信我，西班牙正是下一步戰爭勝負的關鍵。」德比繼續說道，「你被分到祕密情報處工作，具體任務我還不能說。到時由祕密情報處的處長謝普德森告訴你，你先按我說

的去作準備，到時他會找你的。」

從華盛頓返回後，格里菲斯按德比的吩咐悄悄地注意了解有關西班牙的情況。兩週後，威士忌找到格里菲斯說：「虎子，今天你再去一趟華盛頓。我們的大老闆謝普德森要見你，也許這就意味著你要出征了。」

「你就要出發了。」德比熱情地歡迎格里菲斯的到來，並繼續說道：「在我弟弟家見到你的那天，你就迫不及待地想上前線。現在好了，你就要出徵了，這是你自己努力的結果。你的任務是在盟軍發起南歐登陸的『鐵砧行動』之前，我們需要對德國人的行動瞭如指掌。因此，你是個關鍵人物。你要去迷惑敵人，使他們無法知道我們的行動計劃。」說到這裡，德比用手拍了拍格里菲斯的肩膀，語重心長地說：「我在西班牙待了一年半，那次在紐約見到你，我剛從那裡回來。是我推薦你來擔任這項工作的，我現在仍然認為你是能夠勝任的。但是如果你失敗了，那也是我的失敗。」

德比的話，使格里菲斯心裡很是激動，她渴望著去完成這項不尋常的任務。德比繼續說道：「虎子，你幹得不錯。如果我們認為你不能勝任，肯定不會派你去的。我為你感到驕傲。快去吧，謝普德森正在等著你呢。」

當格里菲斯來到謝普德森的辦公室時，這位美國戰略情報局祕密情報處的處長，繞過辦公室內桌旁的一面巨大的

美國國旗，走過來和她握了握手，說：「請坐，格里菲斯小姐。」當格里菲斯在椅子上坐好後，他接著說道：「你的教官對你的印象極好。你為什麼這麼急切地想去參戰，到可能有生命危險的環境中去呢？」

格里菲斯有點不以為然，但卻冷靜地回答道：「謝普德森先生，我所認識的男青年，包括我的兩個哥哥，都去前方打仗了。我當然也和他們一樣熱愛祖國，我也願為祖國去冒險。我覺得只允許男青年去報效祖國，這太不公道了。」

謝普德森笑吟吟地說：「格里菲斯小姐，你會有許多為祖國服務的機會的，也許比你想像的還要多。現在，挑選你去完成的這項任務特別重要。在柏林，潛伏在蓋世太保內部的一個內線告訴我們，希姆萊手下有一名最精幹的間諜在馬德里活動，他領導著一個高效率的諜報網，專門負責收集有關盟軍『鐵砧行動』的情報。你的任務就是要挖出這個間諜。我們需要你打入馬德里的上層社會。當你抵達馬德里的皇宮旅館時，我們的人會去接你的。他會把你介紹給幾個人，並告訴你應注意的事情。這次行動的代號叫『鬥牛行動』。漂亮的小姐，現在馬上就出發。你對外的掩護身分是美國石油公司西班牙辦事處的工作人員。在西班牙誰也不會料到一個女子 —— 更不用說一位妙齡女子會從事這種工作。如果你身陷困境的話……」謝普德森停頓了一下，用一種發問的眼神

看著格里菲斯。

「你是不是在暗示說，必要時我應該殺死自己的對手。」格里菲斯覺得這不應該算是什麼大的問題。

謝普德森的臉上露出一絲同情，並肯定地點了點頭。

「鬥牛行動」

幾個月後的一天，在西班牙馬德里「美國堅合眾國石油辦事處」的辦公室裡，格里菲斯見到了美國戰略情報局馬德里情報站站長 —— 代號為莫扎特的菲利浦·哈里斯。

一見到格里菲斯，哈里斯沒講任何客套話，開門見山說道：「格里菲斯小姐，我一直在等待著你的到來。自從一個三面間諜使我們一半的人暴露後，我們的人手十分短缺。那個該死的間諜同時為德國人、西班牙人和我們幹活。現在，要做到時時處處小心謹慎真不容易。」哈里斯還向格里菲斯囑咐，在馬德里只有他一人知道「鬥牛行動」，並讓格里菲斯負責溝通埃德孟多和哈里斯之間的單線聯繫，要求所有情報都必須向他匯報，由哈里斯對情報進行綜合分析，作出決定。

哈里斯給格里菲斯交待的具體任務是：挖出德國情報部門安插在馬德里的高級間諜。時間緊迫，要分秒必爭，因為在發起「霸王行動」的一週之後就要進行「鐵砧行動」。

　　哈里斯進一步強調說：「南翼登陸成敗與否，主要取決於戰略情報局馬德里情報站提供的情報。我們就在這裡確保『鐵砧行動』的安全實施。」他抬起頭來看著格里菲斯，「格里菲斯小姐，如果你不嚴格地遵照指示行事，就可能會送掉上百名 —— 或許是上千名美國士兵的性命。」

　　最後，哈里斯交給格里菲斯一支小巧的二十五毫米口徑的「貝瑞塔」手槍以便自衛，並提醒格里菲斯兩件事：一是為了不暴露身分，一定要遵守上下班的作息時間，要使人們感到你確實是石油辦事處的職員；二是不能捲入愛情糾葛，一旦發現此類問題，就會被立即送回華盛頓。不久前就有一名女諜報人員由於與手下的一名葡萄牙間諜墜入情網而被迫自殺。

　　從哈里斯一番突如其來、意義深長而又十分生硬的講話中，格里菲斯感到自己確實是任重而道遠。

　　此後，格里菲斯以美國駐馬德里石油辦事處職員身分為掩護，活躍於舞廳、宴會、夜總會等社交場合。這個漂亮迷人而又精幹的「虎子」從此躋身於達官貴人之間，與隱藏在馬德里的納粹間諜展開了一場驚心動魄的隱蔽鬥爭。

　　這一天，哈里斯把格里菲斯叫到辦公室，交給她一個任務，是讓她利用週末，裝扮成一個輕浮的美國小姐外出旅遊，去完成一件傳遞訊息的任務。哈里斯從抽屜裡取出一個

包在透明信封裡的東西後，對格里菲斯說：「這是微型膠卷，
這裡有一些西班牙人的姓名和住址，他們將掩護並幫助我們
在馬拉加至庇里牛斯一帶的地下交通線上活動的特務人員。
哦，對了，我要強調的是，這是我們經過一年半『研究』的
結晶。必須立即把它送到『黑傢伙』手裡，他是你在馬拉加
的接頭人，剛從阿爾及爾來。」

　　哈里斯拆開包裝上的一層膠條，用兩個手指夾著膠卷：
「你見到『黑傢伙』時不要跟他講任何話。佛朗哥的祕密警
察如果能獲得這件東西，他會給多少獎賞……我簡直不敢想
像。」哈里斯讓格里菲斯站起來，然後把微型膠捲繞在了她
的腰間，「你就這樣帶著它。」

　　哈里斯還為格里菲斯準備了一個大公文包。公文包裡放
有一支烏黑發亮的小型「柯爾特」自動手槍。

　　「這是送給『黑傢伙』的禮物。」哈里斯冷淡地說，「你
到旅館後，就把它放到公文包裡。在你和他接頭之前，你要
想辦法把膠卷從腰上取下來，也放進公文包。這是一種預防
措施。如果由於某種特殊的原因，你的箱子出了問題，敵人
也不會找到情報，除非他們找到你的頭上。」

　　哈里斯取出一張火車票，拿在手中繼續囑咐：「為了能夠
安全交接，明天下午兩點半，在馬拉加市中心的大教堂裡，
『黑傢伙』的脖子上圍著一條白圍巾，坐在後排座位上等

你。」他一邊將火車票遞給格里菲斯，一邊說：「火車上可能會有點麻煩。最近規定旅客隨身攜帶旅行證。德國人一週前就拿到了，但我們卻還沒有。憑你的年齡和其他條件，沒有旅行證也能矇混過去。如果他們真把你抓住了，想辦法把膠卷毀掉就行了。」

晚上十點鐘，格里菲斯順利地登上了馬德里至馬拉加的列車。由於肩負著重要的任務，她對富麗豪華的車廂布置沒有產生什麼興趣。她的手輕輕拍著裝有發報機和手槍的箱子，摸了摸圍在腰間的微型膠卷。

這時有人敲門，「小姐，我是警察。請出示你的護照。」

格里菲斯把護照遞了過去。

「請再出示你的旅行證。」

「旅行證？你指的是什麼？」

「小姐，」警察說，「你應該明白，這是對外國人的一條新規定。沒有旅行證，你不能離開馬德里。」

「不，我確實不知道。非常抱歉。」格里菲斯假裝感到驚愕地說。

「既然如此，明天上午請小姐跟我到馬拉加警察局去一趟。」

格里菲斯將準備好的一厚疊錢塞進這個警察的手裡，滿臉堆笑，然後又裝出一副無奈的樣子說：「請高抬貴手，讓我

直接去旅館吧。我只能在這座美麗的城市裡待兩天。」

　　警察不吃這一套，把錢還給了她，嚴厲地看著她，說：「小姐，一下車我們就去警察局。」

　　格里菲斯因沒能很好應付警察的檢查而懊惱不已。

　　到了警察局，格里菲斯被告知負責處理此問題的人去看鬥牛了，必須等他回來才能辦，因此只有耐心等待。

　　對格里菲斯來講，每度過一分鐘，都是一種精神折磨。她簡直不敢相信自己的倒楣遭遇。時間一小時一小時地過去了，直到第二天的中午，那位官員才回到警察局。這時，格里菲斯已經錯過了兩次接頭的時間，只剩下最後的一次接頭時間了。她一度曾想毀掉微型膠卷，把它丟進廁所裡。還好，負責此事的官員見到格里菲斯已經等待這麼長時間，也覺得不好意思，便很快就辦理了手續，讓格里菲斯離開了警察局。

　　這時已是下午兩點二十分了，離最後一次接頭時間還有十分鐘，格里菲斯心急如焚。她匆匆奔到教堂，推開正門旁邊的一扇小木門，來到了昏暗的大廳。時間還不晚。幾分鐘過去了，這時有人走進她坐的那一排座位，在離她不遠的地方跪了下來。他圍著一條骯髒的白圍巾，格里菲斯連頭都沒轉動，只是把用絲圍巾包著的手槍從長凳上推了過去。他的手伸了過來，然後，他又把圍巾還了過來。接著她又把裝有

發報機的手提包推了過去。最後，把膠卷放在手裡，手心朝上地伸出去。「黑傢伙」取走膠卷時，她居然連一點感覺都沒有。所有這些都發生在幾秒鐘之內。

情人和情報

美豔絕倫的格里菲斯憑藉其天分和聰明才智在間諜戰線奮鬥，儘管在這特殊的戰線裡上司對特務人員私人的行為有特別的規定。然而，正值青春妙齡，隱藏在內心深處的愛情火花也自然難免迸發。

自從在新諜員訓練隊初見皮耶，格里菲斯就一見鍾情，她被皮耶的魅力所征服。在訓練隊期間，她與皮耶的感情在暗中得到了飛速發展，兩人已到難捨難分的地步。一個星期天，格里菲斯和皮耶悄悄地來到「白天鵝俱樂部」用午餐。就在服務員把香檳酒端上來時，皮耶從上衣口袋裡取出一個小盒子。紅色的小盒子用緞帶紮著，他把小盒子放在格里菲斯的面前。格里菲斯輕輕地解開緞帶，只見在黑絲絨襯墊上有一隻戒指 —— 鑲有一枚光彩奪目藍寶石的扭花戒指和一對形狀相似的金耳環。

她臉紅紅地盯著皮耶說：「我想我不能接受這麼貴重的禮物。」

「你當然應該接受，我希望你別忘了我。」皮耶用渴望的

驚心動魄的無聲戰場

目光盯著格里菲斯,「無論發生什麼事,我都會想著你的。也許我們會在那邊再見,因為我們畢竟是同行嘛。戴上吧。」

還沒等格里菲斯有任何表示,皮耶就把她帶到了舞池……

此後,格里菲斯和皮耶分別擔負了不同的任務,儘管他們在馬德里時有會面,有時皮耶是神出鬼沒般與格里菲斯會面,但畢竟不能朝夕相處。

1944 年 6 月 6 日,盟軍在諾曼地一舉登陸成功。正在人們歡慶勝利的時候,格里菲斯又接到了令她高興萬分的好消息。哈里斯告訴她:華盛頓戰略情報局祕密情報處準備派皮耶赴馬德里執行特殊任務。讓她做皮耶的接頭人。

從這天起,格里菲斯時刻在盼望著皮耶會突然出現在自己身邊。

正在她焦急等待之中,突然有一天,格里菲斯得到一個千真萬確的情報:蓋世太保特務打入了美戰略情報局駐西班牙馬德里情報站的內部。這使格里菲斯充滿了恐懼感,現在她看誰都像是隱藏在內部的「鼴鼠」,甚至她的頂頭上司哈里斯都有可能是這名「鼴鼠」。唯一使她感到寬慰的是,自己心愛的人皮耶很快就要來到她的身邊,這多少可以緩解她心中的憂慮。

兩天後的一個晚上,格里菲斯與皮耶在一家舞廳裡如期相遇。擁擠的舞池中央,皮耶緊摟著格里菲斯。

「虎子，我們又在一起跳舞了。見到我，你高興嗎？」

「高興得很難相信這是真的。不，這不會是真的。」

皮耶用力摟著格里菲斯，靠近她的耳邊，擦著她的面頰說：「你信任我嗎？」

「皮耶，我怎麼能不信任你呢？我們曾在一起受訓。」

「相信我！」他一邊低聲說，一邊緊緊地拉住格里菲斯的手。他突然高興地笑起來，「你手上戴著我送給你的戒指。」

「我每時每刻都戴著它，我 —— 我喜歡它。我想，哈里斯如果知道我對你的感情，他是絕不會安排這次會面的。」格里菲斯有些難為情。

從舞廳回來，格里菲斯馬上將與皮耶會面的情況向哈里斯詳細作了報告。

第二天上午，格里菲斯與皮耶又在皇宮飯店圓形大廳一個靠窗的座位見面。

情人相見自然有說不完的悄悄話。兩人相互傾訴著自己對對方的思念。稍許，皮耶說：「你有關於這次登陸的消息嗎？儘管我到這裡來見到你很高興，但我真正想去的地方還是敵後的法國。到那裡去幹才真帶勁！」說到這，他停了一下，又問道：「關於我，哈里斯說過什麼沒有？」

「他叫我把一切都告訴你，並通知你，我是你與他之間的唯一聯繫人。這個你以前知道嗎？」

驚心動魄的無聲戰場

「我不知道，我被告知去參加那次舞會並設法在那裡見到你，就這些。」他思索了一會兒，又說道：「『鐵砧行動』一定快開始了。我不想錯過參加這次行動的機會。」

「機要室近來處理的所有電報都是關於這件事的。」

「他們是否已經選定了『鐵砧行動』的登陸地點？」

「就我所知，好像還沒有。」

「虎子，告訴莫扎特，我截住了德國高級指揮部的一名信使。從他那裡知道，德軍第一軍司令部波托・埃斯特將軍離開了他原來的行軍路線，完全改變了方向，正向比斯卡地區進發，這支部隊有七百五十名軍官，一點八萬餘名士兵和數量不詳的『馬克 -3』型坦克。這個情況必須立即讓莫扎特知道。」格里菲斯答應了。

時間過得真快，格里菲斯真的不想離開皮耶，但工作是第一位的。

「虎子，既然我們以後要在一起工作，我想我們相愛不違犯紀律。」在兩人一起走下大理石臺階時，他邊用手挎著她的手臂邊說。格里菲斯真的感到了幸福。

格里菲斯回到辦公室，把情況匯報給哈里斯，哈里斯高興地說：「虎子，人們認為皮耶是我們最能幹的諜報人員之一。他的經歷不凡，你能與他一道工作真是幸運的事。不過，有一點你必須要牢記，除了你我之外沒有第三者知道關

於『鼴鼠』的事。當然『鼴鼠』本人也要除外。所以你今後與他們共事時一切要和原來一樣，絲毫不能流露出你對他們的態度有了變化。」

哈里斯擺弄了一下手中的鋼筆，繼續說：「謝普德森來電說，登陸行動即將開始，你有新的任務。現在還不能把全部情況都對你說清楚。在今後幾個星期的某個時間，你將收到一份謝普德森直接發給你的絕密電報。我會通知密碼室，從現在起，所有的絕密電報都由你一人負責譯碼。你一收到我所說的那份絕密電報，必須立即把它拿給我。你可以隨時找到我。記住，我說的話你一句也不能對外界透露，即使對皮耶也不要透露，除非事前經我許可。」

1944 年 8 月 8 日清晨，那份關鍵的電報終於來到了！

虎子：

　　絕密！絕密。告知哈里斯立即實行第二階段計劃。

　　　　　　　　　　　　　　　　　　—— 謝普德森

格里菲斯譯完報，連門都沒有來得及敲，便一口氣衝進了哈里斯的辦公室。哈里斯看過電報後，很舒服地向後靠在他的扶手椅上，臉上帶著一種滿意的微笑。他取出收音機，扭開開關，並將音量調大，以使人無法聽到他倆的談話內容。

驚心動魄的無聲戰場

　　登陸諾曼地。「虎子，這封電報的意思是說登陸作戰將在法國的馬賽進行。這封電報的重要性在於，它可能意味著戰爭的結束，也可能使我們成千上萬的同胞喪生，我們就是為了這一任務才把皮耶調到馬德里來的。」

　　哈里斯走到牆角，拿一把椅子過來，讓格里菲斯坐下，繼續說道：「馬上與皮耶聯繫，告訴他，將他領導的特務人員帶到馬賽地區，以便在我軍登陸時他們能處於隨時支援我軍的位置上。他對部下要不露風聲。登陸地點的情報是很機密的，絕對不能洩漏出去，不能讓任何人知道。對那些多年來為了我們的事業忘我戰鬥的人們也要保密。這一點你能對他講清楚嗎！」格里菲斯點點頭，什麼也沒說。

　　「事實上，這一消息是如此重要，所以，為確保萬無一失，我們不能讓皮耶冒險越過庇里牛斯山沿老路去法國，以免他在中途被捕。我將想法把他送到阿爾及爾，從那裡他可以被空投過去。」

　　「虎子，你要使他充分認識到這次任務非同小可。皮耶必須要透徹地理解這一任務的重大意義。」說這話時，哈里斯那雙小眼睛一直在緊緊地盯著格里菲斯，「戰略情報局倫敦站出色地執行了有關『霸王行動』的任務，我們一定不能比他們幹得遜色啊。」

　　格里菲斯又鄭重地點了點頭。

哈里斯最後說：「虎子，你馬上行動吧。今天晚上我們有一架專機飛往阿爾及爾，晚上九點用我的『別克』轎車送他到機場。我現在還不知道他被空投到法國的準確時間，但是到時我會告訴你，以便你能跟我們一起收聽無線電來了解他是否平安到達。」

幾個小時後，在皇宮飯店酒吧間，格里菲斯和皮耶又一次見面了。

「虎子，我親愛的，告訴我你這麼急著見我有什麼事嗎？」皮耶緊緊握著格里菲斯的手，很著急但卻溫柔親切地說道。

「哈里斯有一樁特別任務要交給你。命令是剛剛收到的，一份絕密電報。」

「總算等到了。」皮耶顯然很高興。他拿出一支香菸點上，同時喝了一口雪利酒問道：「我什麼時候走？」

「一輛掛著外交牌照的黑色『別克』轎車晚上九點整在旅館門前接你。接你到格塔賈軍用機場。」

「虎子，你是愛我的，對嗎？我到了那邊，會想你的。」

「我也會想你的，盼望你平安回來。再見吧，皮耶。」

朦朧的燈光下，兩個有情人難捨難分，對望了一會兒後，兩人幾乎同時緊緊地擁抱在一起倒在了沙發上……

1944 年 8 月 15 日上午，格里菲斯走出家門時，突然聽到看門人的收音機裡傳來一個令她吃驚的消息：「十萬盟軍正

驚心動魄的無聲戰場

在聖特羅佩附近的一個漁村登陸。」她簡直不敢相信自己的耳朵。聖特羅佩位於夏納附近，離她告訴皮耶的馬賽差得太遠了。怎麼回事？登陸地點不是在馬賽嗎？這對格里菲斯來說，真是災難性的消息。格里菲斯快步趕到辦公室，看到人們的臉上都漾著喜悅的神情，似乎只有她被蒙在鼓裡。

格里菲斯怒氣衝衝地直奔哈里斯辦公室，她沒等哈里斯開口便大聲說道：「你為什麼不信任我？為什麼認為我不可靠，傳給皮耶的是假情報。」

哈里斯靜靜地看著格里菲斯，沒有說話，只是在他的目光中流露出了同情但很堅毅的神情來。

現在格里菲斯明白了：那隻「鼴鼠」就是皮耶。他們都知道，把假的登陸地點告訴他，就會迷惑德國人，使他們據此作出錯誤的判斷。

「別太認真了，艾琳。」哈里斯看著格里菲斯難過的表情第一次沒有稱她「虎子」。「這次登陸成功也是你的功勞。如果不是你出色地完成了任務，今天我們就不會在這裡歡慶勝利了。我們之所以沒有告訴你實情，只是為了保護你。一旦皮耶稍微察覺到你知道他是雙重間諜，他就會殺了你。是的，只要他嗅出味道來。至於說確切的登陸地點，包括許多參加作戰的將軍和我們都不知道具體的日期和地點。這是艾森豪威爾的命令，我們必須服從。」哈里斯說完，走過來將

手搭在格里菲斯的肩膀上，「你應該回到辦公室去和大家一起慶祝你的成功，你應該知道，你是受之無愧的。」

不管哈里斯怎麼說，格里菲斯都難以平靜。這對她的打擊實在是太大了，最親近最信任的人，一下子成了「鼴鼠」，在感情上的確是一時難以接受。

幾天之後，當格里菲斯剛一回到公寓，德比就站在客廳裡。格里菲斯喜出望外，快步上前與他握手，「真不敢相信是你來了，你好嗎？」

兩人並肩坐在沙發上，就像久別重逢的老朋友似的，彼此用關切和誠摯的目光打量著對方。

「從哪說起呢？首先，謝普德森向你表示祝賀。他聽說你幹得不錯，現在他把發掘出你這個人才算做他的功勞了。」德比的話，使幾天來格里菲斯受傷的自尊心得到了一些安撫。

「另外，我要告訴你的是：皮耶早就是個叛徒，但他最終卻成了我們向德國人提供假情報的工具。因此我們要感謝你，艾琳。你作出了無法估量的重大貢獻。在同一時間內，我們雖然還利用了其他一些人去迷惑敵人，但我認為，使敵人確信無疑的是你傳給皮耶的那份決定性的情報。顯然，皮耶從未想到你會告訴他假情報，而德國人也非常信賴他。」

德比停了片刻，又接著說：「虎子，哈里斯非常敬重你。

驚心動魄的無聲戰場

其實，要不是他欣賞你的工作，今天我也不會專程到這裡來的。另外，艾森豪威爾對你的工作也表示了欽佩，他說：在我們的『鐵砧行動』中，很難想像一位美麗的小姐所作出的貢獻，她是這次勝利的功臣。」

德比的一席話，使格里菲斯感到無比高興。她的工作到得這麼多人的稱讚，這是她得到的崇高榮譽。

雙面巨諜

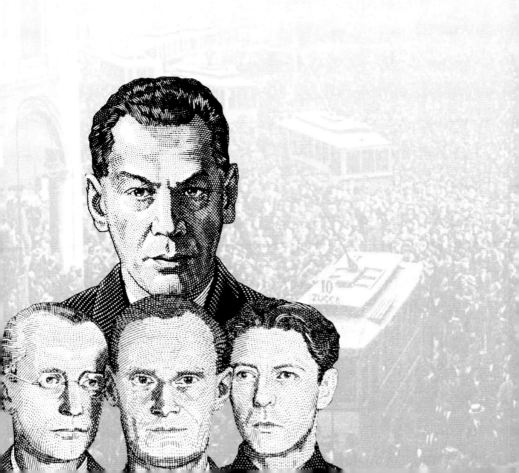

雙面巨諜

被德、英雙方看好

達斯科‧波波夫 1912 年 7 月出生於南斯拉夫富裕的塞族家庭。波波夫自幼聰明伶俐，好結識朋友、四處交遊。早在 1930 年代，德國看準波波夫在南斯拉夫的地位和交際，欲招攬他做間諜蒐集情報對抗盟軍。此時的波波夫二十出頭，意氣風發，是一個堅定的南斯拉夫民族主義者。此時的德國正用各種手段，向巴爾幹地區滲透並圖謀武力進犯。

對德國的巴爾幹政策不滿的波波夫不甘為德軍所利用，於是主動請纓，向英國駐貝爾格萊德大使館表示願意為英國效力，負責利用其在南斯拉夫的交際圈收集德國在南斯拉夫的經濟、軍事情報，為祖國的光復努力。

在波波夫的妙手經營下，由他建立的情報收集網「南斯拉夫圈」漸成氣候。在軍情五處協助下，波波夫在歐洲成立了「南斯拉夫圈」情報網絡，利用無線電、微粒照片、隱形墨水明信片等特務工具，將大批德國情報包括火箭研究資料送到英國手上。波波夫多才多藝，親自改進了許多特務的技術裝備。在軍情五處的檔案中，記載了波波夫製造隱形墨水的配方，顯示他利用酒杯混合隱形墨水。此外，他的檔案還包括大量載有日期的文件、隱形墨水明信片、印上已「拆開」或「檢查」郵戳的郵件，及他寄給女友的信件。

在近兩年中，波波夫不僅構築了自己的間諜網，自己的

身分也保護得很好，可以說天衣無縫。也正因為如此，德國情報機構「獵頭」的目光仍沒有從他身上移開。在納粹眼中，波波夫在南斯拉夫和英國均擁有良好的人際關係，而且，波波夫在南斯拉夫的身分——一個對德國占領軍稍有不滿，但大多時間無可奈何安於現狀的小資本家——使得波波夫成為納粹間諜的良好人選——這樣的南斯拉夫人可以編造出一個合理的逃離南斯拉夫的理由，從而輕易打入英國並獲得其信任。

1940 年 2 月的一天，正在自己別墅中渡假的達斯科·波波夫忽然接到柏林來的一份電報，上面寫道：「急需見你，建議 2 月 8 日在貝爾格萊德塞爾維亞大飯店見面。你的摯友約翰尼·吉勃遜。」

約翰尼是波波夫在德國南方布雷斯高的弗萊堡大學結識的摯友，兩人私交不錯，但是，約翰尼在前兩年加入了納粹的情報組織——阿勃維爾。見到約翰尼，兩人談了一筆關於戰爭被扣商船的販賣的生意，不過波波夫看出來，約翰尼是心不在焉。不久之後，約翰尼介紹波波夫認識他的上司——黨衛軍情報部門的少校門津格。

在寒暄幾句後，門津格進入正題：「我們在英國有許多情報人員，其中有不少是很精幹的。但是，我們需要有這樣一個人，他能通行無阻。你的社交關係可以打開許多門路，

雙面巨諜

有些情報不是馬路上可以搞到的,你可以幫我們的大忙;同樣,我們也可以禮尚往來,波波夫先生。」門津格開始用力拍波波夫的馬屁,「帝國是知道如何慷慨地報答你的。你將成為南斯拉夫未來的重要人物。」

「門津格是我的頂頭上司,」約翰尼略帶歉意地說,「波波夫,我本想採取另一種方式,可是他急不可耐。」

「是找我做間諜?」波波夫感到自己的全身血管快要爆炸了,但是臉上不動聲色,依舊笑容可掬,給兩位客人倒酒。

門津格以為波波夫還在考慮,繼續說:「很久以來,我們一直千方百計地尋找一個能在上流社會活動的人。正如你可以猜到的,這個人還要具備許多其他的素養。從根本上說,他應該具備做一個高級間諜的條件。所以,我自作主張把你推薦給了他們。」

波波夫從椅子上站了起來,在大廳裡來回踱步,「我自己還沒想過,給我幾天考慮。」

在送走客人之後,波波夫立即與自己的上司迪尤聯繫,詢問自己做雙面間諜的可行性。言談之中,顯露出他對這一具有挑戰性的工作的強烈渴望。迪尤微笑著告訴他:「你是否考慮到如果你決定做這件事的後果呢?他會使你深深地陷進去。深深地。」

「一人做事一人當。」波波夫回答。

「那就祝你好運。」迪尤同意了波波夫的計劃。

開展工作

這次見面結束後，波波夫便作為一名德國間諜展開了自己的「業務」。幾星期後，按照約定地點，史巴雷迪斯向他——伊凡，下達了一項重要任務。現在，波波夫的化名是「伊凡」。門津格少校告訴他即將被派往英國，要求他轉道西班牙前往英國，蒐集有關英國的城市地貌、人口分布、政府機構、軍事設施等情報。他頓時明白此行的任務是為「海獅行動」提供轟炸目標。

按照約翰尼的接頭辦法，波波夫找到了自己的新上司——卡斯索夫少校，真名叫歐羅德。他是阿勃維爾駐里斯本的頭目。這是納粹德國在歐洲最主要的情報站。卡斯索夫少校辦事果斷、幹練，馬上就開始親自教他使用密碼、投寄信件，還給了他一架萊卡照相機和一本使用說明書。同時，又指派阿勃維爾三處駐里斯本的頭目克拉默上尉對他進行了嚴格的審查。一切都證明正常後，卡斯索夫命令他住在一家德國人控制的飯店——阿維士飯店。

當波波夫住進飯店不久到餐廳用餐時，他幾次都發現一個漂亮小姐屢送秋波、頻遞媚眼。有天晚上，波波夫碰巧在電梯裡遇到了她，當時只有他們兩人，那小姐火辣辣的眼睛

裡冒出的全是色情之火，就差沒有撲到他的身上了。但是由於相見短暫，不可能有更多的交談。

出了電梯，走進房間的洗澡間沖了個淋浴，波波夫突然發現那位在電梯裡向他頻送秋波的小姐已經躺在他的床上了。

她身上的純絲織長睡衣雖然蓋住了全身，但她的胴體卻隱約可見。見波波夫進來，這位小姐竟大大方方地倒了一杯白蘭地，對他說道：「來吧，有趣的男人，跟我喝一杯。」說著便在他臉頰上吻了一下，假裝沒有發現她的乳房已經摩擦著波波夫的手臂。「再給我倒一杯酒，然後談談你的身世，好嗎？」

波波夫頓時警惕起來了。她那假裝羞答答的樣子使波波夫頓起疑心，對她的興趣也隨之拋到九霄雲外。於是，波波夫打起精神，順著這個女人的意思編一大堆自身的經歷，特別是他到里斯本的經歷，以及里斯本的打算。這個女人看上去對他編造的故事十分滿意，因為還沒等他講完，她那種賣弄風情的熱情早已降到了零點。這下倒驗證了波波夫：她是德國間諜，目的是為了了解自己對希特勒的忠心。波波夫故意把快喝盡的威士忌酒瓶子遞給了她，說道：「如果你睡不著的話，你就把它帶著吧，你已經在我的床上搞到了你所需要的故事。」

開展工作

第二天，波波夫例行向上司匯報了公務。卡斯索夫嚴肅地說道：「關於那小姐的事，你再不要追查了。頭對你的警覺性……很滿意，他期待著你從倫敦帶來的好消息。」

帶著阿勃維爾的「厚望」，雙面間諜波波夫搭乘荷蘭皇家航空公司的班機飛往英國首都倫敦，而且「應徵」進入了英國的情報機構 —— 軍情六處。

抵達倫敦後，波波夫便在軍情六處人員的協助下，進行了大量的「情報蒐集工作」：他拍了一個偽造飛機場的照片，記錄了一些飛機和軍艦的數目與型號，描繪了重要地區的地形圖……並利用卡斯索夫給的萊卡照相機，拍了許多海軍方面的「情報」。後來德國人對此讚賞不已，認為這種情報實在非常寶貴。

在軍情六處，風流倜儻的波波夫又認識了一個名叫嘉黛·沙利文的迷人小姐。此人是奧地利一個納粹頭子的女兒，但卻從未服從過父親的信仰，於是便出逃到英國來。嘉黛小姐似乎對波波夫很有興趣，她那雙迷人的大眼充滿了柔情蜜意。

波波夫看著這個女子，他感到有一股難以名狀的暗流衝擊著心房，真希望和這個小姐多待一會。在波波夫進行複雜微妙而且危險的雙重間諜活動時，嘉黛小姐也來到波波夫的身邊，成為波波夫在工作和生活上的伴侶。她風貌誘人，花

枝招展，色情放浪。她帶著波波夫一個接著一個地參加宴會，把他介紹給所有值得拉拉關係的名流，並且幫助他配製密寫劑、編寫密碼信、起草給轉信人的明文信。當然，她還頻頻地為波波夫提供上乘的床上服務，當他把頭放在她那魅力無窮的大腿內側時，便知道這輩子再也離不開她了。

在嘉黛的幫助下，波波夫用密寫的方式為卡斯索夫提供了大量的偽情報，並謊稱由於情報太多、體積太大、分量太重，不宜郵寄，必須回里斯本當面轉交。實際上，這是為儘快地回到德國情報機關，刺探他們的內部組織而設置的一條妙計。

一切都按照軍情六處的計劃有條不紊地展開了。與心愛的小姐惜別，波波夫前往里斯本，很快便和上司接上了頭。卡斯索夫在一所別墅裡對他進行了一番細緻且持久的審訊。他對情報的每個細微末節都要追根尋底，從各個不同角度來盤問，以便發現新的動向。當他聽到嘉黛・沙利文和波波夫推薦的另一個情報員狄克・梅特卡夫時，就像一隻機警的獵犬嗅到了獵物的蹤跡一樣，連續不斷地提了許多問題。最後，他十分謹慎地說：「想辦法深入地摸一摸他們的思想狀況。在諜報工作中，一定要做到絕對地了解和控制。一個出色的間諜，絕不會把自己的安全與色情混為一談。」

真是個老奸巨滑的「狐狸」！最後，他又向波波夫洩漏了一個絕密的情報，這後來成為其主要收穫之一：「很快，我

們就不需你再去操心外交郵袋和其他傳遞材料的途徑了。我們將透過一個小玩意兒來傳遞情報。柏林方面正在發明一種方法，把一整頁的材料縮小到只有句號那麼大小的一個微型膠片上。只能透過顯微鏡才能看清楚，我們把它稱為『顯微點』。」

波波夫聽到這個消息，心中暗笑，不久便將這一重要情報傳回英國，於是在從英國發往國外的可疑信件紛紛被英國用特殊工具一一檢查，從中揪出不少德國間諜。

由於再次獲得了上司的信任，嘉黛和狄克就被發展為德國間諜，做波波夫的下手。很不幸的是，這三人早已是英國軍情局發展的情報人員了。這三名雙面間諜組成了一個小組，英國情報當局認為應該給他取一個新的代號，叫「三駕馬車」。

為了獲取德國方面的信任，軍情六處給「三駕馬車」暗地裡不斷幫忙。為了阻止毒氣戰，波波夫透過「氣球」送去了一個報告，說明英國已對毒氣戰作好了一切準備，從而使德軍完全打消了發動毒氣戰的念頭。同時，「三駕馬車」還透給敵人許多政治情報，這些情報對戰爭沒有直接影響，目的是為了提高他們的威望。大部分透過「膠水」送過去的政治情報在反對最高統帥部的心理戰中起了作用，「馬基維利計劃」就是其中一例。英國海軍想讓德國人對東海岸的水雷

區產生一個錯覺,「三駕馬車」的任務是把虛構的布雷圖送給德國人。為此,「三駕馬車」設計了一場戲:有一個叫伊文‧蒙太古的英國海軍參謀總部人員,因為是猶太人,因此對德國人要打贏那場戰爭怕得要死。他聽了許多關於集中營的可怕的故事,如把人放進烤箱裡烤死等等。因此他希望從德國人那裡得到某種人生保險。波波夫趁機和此人結成了好友,並請求他把那些絕密的海防圖設法送給德國人。於是,有關英國海軍的水雷布置圖就這樣到了「三駕馬車」手裡,而德國情報部門對此一直深信不疑,把它作為絕密情報呈送給元首,使希特勒打消了從東海岸進攻英國的想法。

計謀策反

在波波夫領導下的諜報網空前壯大的同時,他們的戰術謀略主要轉向了發出假的警告和策反上。其目的在於使德國人混淆視聽,加重戰爭失敗的心理壓力;同時使德國軍隊在西線保持最大的數量,從而減輕蘇聯前線的壓力。一個相當有代表性的例子是「鵝卵石行動」。在這次行動中,他們向德國情報機關提供了點點滴滴的情報,使他們相信在加來港地區正準備發動一次大規模的兩棲登陸。這就誘使德國空軍進行偵察,並把轟炸機群引誘到英國皇家空軍的後院,使之處於易受攻擊的境地。

但是與上述反間計謀相比，最具有戲劇性的莫過於「西塞羅」的被捕。這名納粹打入盟軍高層的間諜，隱藏極深，破壞力極大，最後竟然是被波波夫在無意中從上司口中打聽出來的。

事情要從波波夫的日常生活談起。波波夫有一句名言：「要使自己在風險叢生中倖存下來，最好還是不要太認真對待生活為好。」因此，身為間諜的波波夫生活奢華放蕩，喜愛享受生活和漂亮女孩。在一次前往美國探聽軍情的活動中，波波夫跟當時好萊塢著名女星妮娜・西蒙拍拖，在短短十四個月內竟然花掉八萬美元，不僅讓他的德國上司心疼不已，連他在軍情六處的英國同僚也暗暗吃驚。

作為間諜，波波夫的腐敗經費（活動經費）比其他間諜高不少。有一天下午，回到西班牙的波波夫向納粹要活動經費，並抱怨說給自己的錢太少了。卡斯索夫解釋道：「請相信我，我們已盡了全力。我們支付情報的費用是按質論價。如果你能找著好的情報，說不定我們會支付數百萬美元。」

「你別說大話了，」波波夫發牢騷，「難道天底下還有比我和我的小組提供的更驚人的情報嗎？除了邱吉爾如何消化食物的詳細情況稍有欠缺之外，我幾乎把英國有點價值的情報都向你提供了，你不要為阿勃維爾的吝嗇鬼找藉口了。」

「請相信我，達斯科，」卡斯索夫辯解，「為什麼我們沒

有給你們更多的錢呢？原因是我們把一大筆錢給了我們的一個情報員，這個人出身清貧、生活儉樸，但他向阿勃維爾提供了難以相信的重要情報。」

「什麼樣的情報呢？」

「再也沒有比這更多更好的情報。有軍事的、政治的，甚至有德黑蘭會議記錄和盟軍將要進行的一次大型兩棲登陸的準備性消息。」

「我不相信。一個地位低下的人不可能搞到這些，他必須是一個地位很高的人。他究竟是誰呢？」

「我告訴你吧，事實上他是你的同鄉，離杜布羅夫尼克不遠。」

這個消息立即引起波波夫和英國軍情六處的高度警覺。他們從各方面推測認為，此人很可能是阿爾巴尼亞人，因為杜布羅夫尼克離阿爾巴尼亞邊境最近。軍情六處立即開始對所有能接觸德黑蘭會議記錄的人員進行了排查摸底。很快，範圍就縮小到英國駐安卡拉大使的一個阿爾巴尼亞籍的隨從身上，此人的化名叫「西塞羅」。隨著「西塞羅」的被捕，德國在英國中樞機構的特務網也被打擊殆盡。

在此中最讓波波夫沾沾自喜的是：自己還查到了「西塞羅」單個情報的最高酬金不超過一百五十萬美元，根本不是牛皮大帥卡斯索夫所說的「數百萬美元」。當然，此話只能

暗地裡嘀咕，不能明著跟卡斯索夫說。

1943 年 4 月中旬，軍情六處要波波夫去調查一種德國人正在試制的具有很大殺傷力的新武器。這種武器叫 FZG-76 型火箭，或叫「戰車」式火箭。英國人後來把它稱為：V-1 飛彈 —— 即世界上第一種投入使用的巡航導彈。

很快，波波夫和自己的同志發現在德國皮尼蒙德附近的兩家生產小型飛機的工廠正在研製一種發射裝置，並了解到他們還批量生產一種無人駕駛、能運載一噸重的炸彈的單翼飛機的消息。得到這消息，英國皇家空軍馬上派出轟炸機群對該地區進行了密集式轟炸，使德國人的生產癱瘓了半年之久。

清洗「諜中諜」

就在英國人頻頻發起強大的間諜攻勢時，德國人感到必須加強自己的諜報組織的建設。阿勃維爾擬訂了一個代號為「太上皇」總反攻的計劃，在它掌管的雙重間諜中選擇一個人用於最重要的謀劃，以期提高諜報人員的能力，挫敗盟軍的情報攻勢。於是，在阿勃維爾內部展開了一場評價間諜的活動，意圖在肅清內部的盟軍眼線，特別是像波波夫這樣的危害極大的「諜中諜」。

嚴打來了，波波夫按理要躲起來過冬了。但是如果這樣，波波夫就不是那個馳騁二戰的巨諜了。為了不讓德國人

雙面巨諜

對自己的活動進行深入調查，以免從中發現「紕漏」；也為了能打入到敵人的核心計劃 ——「太上皇行動」中去，通過約翰尼的牽線搭橋，波波夫認識了阿勃維爾手下一個至關重要的人物。此人叫卡姆勒，是阿勃維爾一處的中尉情報長官。他的部分工作是對潛伏在世界各地的間諜蒐集到的情報作出評價，並轉送到柏林。他也是諜報界中層人士中最有可能接觸「太上皇」計劃的人。於是波波夫便想方設法地和他搞好關係。

卡姆勒是個孤芳自賞的人，他從來不屑對那些特務組長拍馬屁；相反，有時候還要干擾這些人的工作，其原因就在於他太能幹，又太有嫉忌心了。所以他與卡斯索夫、克拉默等人的關係很不融洽。波波夫抓住他這一弱點，經常在他面前發牢騷，說卡斯索夫根本沒有什麼才能，只是為了保住自己的舒適職位，恬不知恥的誇耀自己而已。時間一長，卡姆勒果然把波波夫看作是可以推心置腹的人，對他幾乎無話不談。他偶爾有意無意地幫助波波夫評價一些納粹特務，使之了解到許多幕後消息。

正當波波夫四處探聽德國雙重間諜的身價，並以此推測自己的安全係數和參加「太上皇」計劃的可能性時，他從卡姆勒那裡發現在里斯本還有一個阿勃維爾的特殊間諜網，名叫「奧斯特羅」。

　　這個發現一度使他思想混亂，因為他原認為自己的間諜網是納粹德國擺在西歐的唯一一張牌。看來德國人可能對自己產生了懷疑，或者是想透過「奧斯特羅」來偵察自己。必須除掉這個組織，防止後院起火！

　　經過約翰尼的大力協助，波波夫終於查清了這個組織的活動情況。原來，「奧斯特羅」這個特務組織是由一個名叫卡邁普的人領導的，他領導著三名間諜，分別叫「奧斯特羅一號」、「奧斯特羅二號」、「奧斯特羅三號」。一號和二號在英國，三號在美國。這個組織潛伏的時間很長，阿勃維爾一直把它隱藏得很深，甚至卡斯索夫和克拉默都不能掌握其動向。他們也只聽命於柏林方面的指示，不過僅由卡姆勒的祕書費羅琳充當橋梁而已。

　　波波夫在偵察的同時，立即通告了軍情六處。軍情六處對此案十分重視，專門派人來里斯本協助調查。軍情六處很快就意識到「奧斯特羅」對「三駕馬車」的潛在威脅：它有可能把德國情報機關引向「錯誤」的道路。德國情報機關對它的信任超過對波波夫的信任，這樣不僅會阻礙波波夫參加「太上皇」計劃，而且早晚都要暴露。於是，英國情報當局決定清除這個組織。為了不使清除工作引起阿勃維爾的疑心，從而進行深入調查。對危及英國方面的雙重間諜網，軍情六處決定採取借刀殺人的辦法：為了敗壞「奧斯特羅」的

聲譽,「三駕馬車」向柏林發出得到證實了的真實情報,使之與「奧斯特羅」送去的情報形成鮮明的對比。

正當波波夫掃清了通往「太上皇」行動的障礙,準備打入敵人的核心機構時,從柏林的約翰尼那裡傳來了一個不幸的消息:德國人還有一個老資格的雙重間諜網,並對波波夫產生了懷疑。

看來,形勢已迫在眉睫,必須拔除前進道路上的所有釘子。

約翰尼發現的是一個三人雙重間諜,頭頭是前奧地利騎兵軍官科斯勒博士,後就職於阿勃維爾在布魯塞爾的情報中心站。科斯勒博士是個猶太人,但卻是阿勃維爾的高級軍官。僅憑他的種族,就足可讓那些反對納粹的人認為他是個「敵後策反分子」。

科斯勒透過英國皮特公司駐歐洲大陸的分公司的經理范托建立了他和英國方面的聯繫。此人詐稱幫助英國向德國將軍們說明戰爭的真實進程,以便說服他們向盟軍求和,很快就騙取了英國方面的信任。英國情報當局認為此事很有前途,便把科斯勒和范托接納為雙重間諜。前者代號為「哈姆萊特」,後者代號叫「木偶」。

後來,科斯勒又給自己的情報網增加了一名情報員,此人代號叫「鯔魚」。由於英國方面的輕信,這個情報網向阿

勃維爾提供了大量有關生產和工業的絕密情報。

得到這個間諜的詳細情況後，波波夫立即向英國情報機關作了匯報。但鑒於上次清除「奧斯特羅」的行動已受到德國人的懷疑，英國情報部門只能對此小心提防，不能將之連根拔去。這樣一來，就意味著「三駕馬車」最終喪失了打入「太上皇」行動中心的機會。

為了阻撓德國人的反攻策略 —— 「太上皇」行動，英美決定儘快實施反攻計劃 —— 「海王星」計劃。為了保證反攻計劃的順利進行，軍情六處要求波波夫按照既定謀略計劃的要點行事：首先要使德國情報機關相信，反攻將在加來海峽開始，而且在第一批部隊登陸之後，緊接著就有第二批實力更強的部隊在同一地區登陸。同時，在波爾多地區可能也有一股部隊登陸。此外，還要像虛設假情報員那樣，製造假軍隊。要虛構三支軍隊，一支名叫美一軍，另一支叫英國集團軍，第三支是美國第十四集團軍。

為了完成任務，波波夫等人如同進行獵狗追野兔的遊戲那樣，設置了一些細小的標記，引誘德國情報機關去追逐根本不存在的軍隊。他們向阿勃維爾提供了大量有關師團的駐地、部隊的調動、物資的供應、倉庫的所在地、修理工廠等諸如此類的情報。為了使這些假情報更能迷惑敵人，他們又摻入點滴真實情報加以潤色。

雙面巨諜

為了愚弄納粹的竊聽機構，波波夫又派人建立了一個高頻電臺，二十四小時連續工作，模仿虛設的部隊轉移情況，不停地從師團向司令部發報；為了欺騙德國空軍的偵察機，他們又提供了事先偽裝好的假軍營的住址情報，使德國人對飛機拍下來的照片深信不疑；為了使德國人更加相信他們所匯報的情況，他們又向中立國的大使館洩漏有關方面的消息，再由他們把消息傳到阿勃維爾的耳朵裡去。

由於間諜戰的輝煌業績，同盟軍以極小的代價順利完成了「海王星」計劃，使德國人的反攻陰謀遭到徹底失敗。正當英國人沉浸在勝利在望的狂熱和樂觀情緒之中時，「三駕馬車」又奉命回到里斯本的「狼穴」中，等待執行一項更重要的任務。

意志如鋼

由於德國諜報部門在「海王星」計劃中損失慘重，組織遭到嚴重破壞，急需休養生息。因此，在初到里斯本的一個多月中，波波夫輕鬆得簡直沒事可幹，於是便到賭場裡散心。

一天，波波夫正在賭場賭一種賭注不限的「百家樂」時，來了一群朋友，向他打招呼問好。他們中間有一位貌似天仙、白膚棕髮碧眼的比利時小姐。他們把她介紹給波波夫，說她名叫露易斯。

露易斯伸出手來與波波夫握手，其熱情程度顯然使波波夫感到與她在一起遠比繼續賭錢更為快慰。於是他提議到酒吧去喝一杯，露易斯欣然接受邀請。從酒吧到波波夫的房間，這是一個自然發展的過程，並沒有引起波波夫對這個女人的懷疑，直到晚上暢遊情海之後，露易斯看上去還是那麼純潔多情。清晨三四點鐘，波波夫醒來發現自己單獨一人躺在床上。也許是仲夏的晨曦，也許是沙龍的嘈雜聲吵醒了他。通向客廳的門洞開著，波波夫頓時警覺了起來，開始留心傾聽。他聽到辦公室抽屜被打開的聲音，這下明白了過來：露易斯是阿勃維爾派來監視他的！幸好波波夫從來不在房間裡放重要的文件，所以索性不理不睬，讓露易斯翻個夠。

幾分鐘以後，露易斯踮著腳尖走進了臥室。波波夫裝著睡著的樣子，從眼睛縫裡看著她。她走近床邊，輕輕地爬上來躺在他的身旁。波波夫見時機已到，便翻個身，用手臂支起身子，裝出一副睡眼矇矓的樣子說：「親愛的，睡不著嗎？」

露易斯轉過身來，趴在波波夫的身上說：「我不是有意要把你弄醒，我是想找支香菸。」

聽了這句話，波波夫把手臂從她身上伸過去，到床頭櫃裡拿了一包香菸。

「呃，這裡才有香菸呢，抽一支吧。」

「真不好意思。」她喃喃地說，仍然把波波夫抱得緊緊的：「我已窮困潦倒，想找點錢花，可是，我絕不是一個小偷，這是我第一次……」

波波夫聞言把她從身上推開：「你應該更巧妙一些，我的外衣就在那邊，口袋裡裝滿了籌碼，你不是看著我把它們塞進口袋裡去的嗎？你只要撈一把到賭場把它們換成現鈔就行了嘛，好吧，你要錢就拿吧，不過你究竟是為誰工作？」

「你這話是什麼意思？」

波波夫氣憤之極，伸手打了她一個耳光，這個女人開始哭泣起來，但還是不肯吐露真情。波波夫見狀也不再逼她了，珍分惜秒，與她幾番雲雨，歡度良宵。

經過這件事，波波夫越來越感到自己處境危險，預感到德國人又要變個花樣對他進行審查了。果然，過了幾天，約翰尼突然從柏林趕來，對他說：「明晚你將要向反間處的施勞德和納森斯坦匯報。還有一個新從柏林來的人，他是專門來審問你的。這是我在幾小時之前從密碼處搞到的真實消息。到時你要匯報的情況是屬於絕密級的，既重要又緊急。他們將追根究底，使你絞盡腦汁。他們也不會像卡斯索夫那樣彬彬有禮。」

「放心吧，不會出什麼問題的。」

「當然，你是一隻真狐狸，只要你保持清醒的頭腦，你是可以用智鬥取勝的。但如果他們使用測謊血漿的話，那怎麼辦？」

「測謊血漿？那是什麼東西？」

「這是新從實驗室裡試製出的一種妙藥，叫硫噴妥鈉，是一種破壞人的意志的新藥。服這種藥以後，據說病人就不會說假話。你應該試一下，阿勃維爾駐里斯本情報站最近運來了一些藥。」

「約翰尼，你相信這種藥的性能嗎？你要知道各人對藥物的反應是不一樣的。」波波夫對自己的自制能力一向自傲。

「我承認你對酒精的抵抗力很強，至少……當年是很強。但這玩意兒是一種致幻劑之類的東西。」

「你能不能搞點那種藥，讓我先有個準備。」

「也許能搞到。」

下午三點左右，約翰尼果真拿了一包藥回來，並帶來一名內行的醫生。此人對硫噴妥鈉的作用頗有研究，並且對納粹忌恨如仇。

「二十五毫克，」醫生用皮下針筒量了量劑量。「這個劑量足以使神經系統處於半麻痺狀態。如果你有什麼事就到隔壁的房間來找我。幾分鐘以後，你就會有所反應的。」

很快，波波夫便感覺頭暈、噁心、想睡覺。眼前所有的

事物都顯得非常有趣而奇怪，每一個人都是那麼可愛。當波波夫感到舌頭膨脹到口腔都裝不下時，對著一旁的約翰尼叫道：「約翰尼，來吧，開始吧。你就從我們戲弄那幾個蓋世太保的笨蛋（指他們在弗萊堡大學的小鬧劇）那裡開始提問好了。」

約翰尼開始問些無關痛癢的問題，胡亂地問到波波夫的家庭、童年時代以及大學時代等情況，接著便把問題轉到英國，問他在那裡的活動情況和所接觸過的人。結果波波夫不是迴避，就是否認，或是撒謊。雖然他說話有些困難，但回答的答案卻證明他的頭腦還是很好使的，看來在藥力完全發作的情況下，波波夫還是能很好地控制住自己。

「藥性有點過去了，約翰尼。」一個小時以後，波波夫對他說道，「我甚至連一點兒睡意也沒有，可是醉得夠嗆，這是我一生中醉得最厲害的一次。」

到了晚上，為了進一步試驗自己對測謊血漿的承受能力，波波夫主動要求醫生把劑量加大到五十毫克。這次幾乎把波波夫搞垮了。朦朧中，他只知道約翰尼在詢問問題，但不知道在問些什麼，也不知道自己是否做了回答。他只覺得自己好像翻了一個跟斗就睡了過去。第二天下午五點左右，波波夫被猛地搖醒。他睜開雙眼，看見約翰尼站在自己身旁，眼前擺著十分豐盛的食物。

「現在是什麼時候？我表現得怎麼樣？」

「下午五點整。昨晚你表演得精彩極了，我正想推薦你參加好萊塢奧斯卡金像獎的角逐呢！據說奧斯卡本人是世界上表演失去知覺的最佳演員。我幾次審問你。第一次是剛注射以後，另一次是你熟睡以後，任何力量都不能動搖你，一點情況都沒從你的嘴裡洩漏出來。現在，你應該養精蓄銳，打起精神對付今晚的審訊。」

當天晚上，柏林來的審訊專家米勒少校對波波夫進行了冗長而有步驟的審查。他對波波夫的每一句話都要進行仔細的分析，但卻從來不用威脅的口吻，表面上讓人感到他在設法體諒你，幫助你更好地表達自己的意思。這是一種使受審者不感到拘束的技巧，顯然他是想用一些無關緊要的問題來寬慰對方。但是，接踵而來的則是包藏著禍心的問題。經過六小時的審訊，米勒才對波波夫溫和地說道：「你看上去似乎非常疲倦。但是，很抱歉，我們還有不少情況想向你了解。剛好，我這次從柏林一個朋友那裡弄了些上等嗎啡，這種滋味真是賽過活神仙！我們一人來點吧，也好把這討厭的公事打發了。」

說著，便叫軍醫拿來了兩瓶藥水，並讓醫生先給自己注射。然後用期盼的目光注視著波波夫。波波夫明白這是德國人在耍魔術：那支給米勒注射的藥水充其量是蒸餾水而已，而給自己注射的卻是測謊血漿！但事情是明擺著的：自己必須注射！想到這裡，波波夫表現出十分高興的樣子接受了注

111

射。不一會兒,他開始感到頭昏目眩,兩腳虛浮,波波夫知
道是藥性上來了。這時,只聽米勒又問起了有關「太上皇」
行動和德國雙重間諜網被英方偵破等方面的問題。幸好波波
夫棋高一籌,事先對此就作了防範,結果使米勒終於打消了
疑慮。審訊結束後,米勒對波波夫說道:「希望你能答應我們
去與古特曼(此人是波波夫的報務員費裡克的化名)取得聯
繫,告訴他再蒐集些具體的情況,我們急著要,等你回到英
國再蒐集恐怕為時太晚了。」

　　這席話表明德國人認為波波夫還是可以信任的,他們可
能不久要啟用他。果然,沒過幾天,德國反間諜處修改了卡
斯索夫要他留在里斯本的計劃,要他儘快回到倫敦去領導那
裡的間諜小組,並給他提供了一筆相當數目的獎金。

　　1944 年 5 月上旬,是一個史無前例的偉大劇作,諾曼地
登陸和反登陸作戰,即將上演前的彩排日子。對德國情報機
關而言,他們要求的情報提綱越來越多、越來越細。波波夫
發的「情報」當中,提綱中所用的答案得認真編造、仔細研
究,務使它們與盟軍的策略計劃相吻合,並能取信於敵。必
須透過電臺發出新的情報,使盟軍已經塑造好的強大的戰鬥
形象更加雄偉。每一個為自由而戰的雙重間諜人員都以高昂
的情緒工作著,一遍又一遍地進行情報的檢查與校對,使之
互相協調,百分之百地保證不出現一個漏洞。

　　然而，有時人們卻經常出些容易被忽略了的細節性的錯誤。正是這種錯誤，使波波夫領導的間諜網遭到了毀滅性的打擊。

　　5月中旬的一個深夜，軍情六處的聯絡人塔爾和威爾遜急匆匆地趕來對波波夫說：「達斯科，藝術家（約翰尼的化名）已被捕，聽說是與金融走私有關。但德國人已經查到了他的通訊冊。總部希望你趁敵人還未發覺，趕快回里斯本通知其他人員轉移，然後潛逃到比利時，我們到那裡接應你。」

　　聽到這個消息，波波夫禁不住一陣暈眩。「約翰尼是不會被突破的。」波波夫說。

　　「達斯科，我們不可能心存僥倖。」威爾遜說，「委員會已決定停止你們小組的行動。」

　　波波夫也本能地感到，其他潛伏在德占區的諜報人員都會被德國人逮捕起來，嚴刑拷打，直到用各種卑鄙的手段結束他們的生命……於是，波波夫星夜兼程地趕到里斯本，立即停止了「三駕馬車」小組的活動，並組織外圍成員逃亡。後來，約翰尼並沒有供出小組的祕密，但事實證明波波夫的預感非常正確。幾乎在「三駕馬車」手下停止活動的同時，納粹德國對在歐洲的諜報人員進行了大肅清。在諾曼地登陸、法國大部國土解放後，就連他本人在回到英國的營救過程中也險些被納粹抓獲。

功成身退

　　很快，納粹的統治在大砲聲中土崩瓦解了，作為插入敵人心臟的一把利刃的「三駕馬車」的工作也徹底結束了。1947 年，休假中的波波夫在二戰中的功績被英國諜報機關承認。同年，他獲得了英帝國官佐勳章（OBE）。戰後的波波夫拒絕了在軍情局擔任高位的工作，選擇了退役 —— 無論是對於一位苦戰 5 年身心疲憊的老間諜，還是對風流倜儻的塞族公子波波夫，這都是一個正確的選擇。正如波波夫本人的格言：「要使自己在風險叢生中倖存下來，最好還是不要太認真對待生活為好。」

魂斷 AF

成功轟炸日本

1942 年 4 月 18 日，波濤洶湧的太平洋戰區。

距日本海岸五百海里的大洋深處，二十架 B-25 轟炸機雷鳴般從美軍航空母艦升入雲層，然後，直撲東京等日本大城市。

美軍實施的這次成功的**轟炸**，距日本成功地偷襲珍珠港僅僅隔了五個月。日本朝野震驚了，他們擔心的事情終於發生了。

4 月 18 日**轟炸**雖然造成的損失並不大，但惱怒的東條英機已深感美軍航空母艦的威脅。

在東條英機的命令下，日本開始了攻占中途島的作戰計劃。5 月 27 日，由八艘航空母艦、八艘戰列艦、二十二艘巡洋艦、六十五艘驅逐艦、二十一艘潛艇，計兩百多艘艦船和大約七百架戰機，浩浩蕩蕩地從廣島向中途島戰區進發。

中途島位於檀香山西北約一千九百公里處，地處太平洋東西兩岸的中途，策略地位十分重要。很顯然，中途島在美國人手裡，就是美國海軍、空軍重要的前進基地；如果中途島掌握在日本人手裡，就是日本海空軍巡邏的前進基地，也就等於扼住了整個太平洋。

剛剛取得了偷襲珍珠港輝煌勝利的山本五十六將軍，在他的司令部裡正做著重演珍珠港勝利的美夢。

然而，他怎麼也沒想到，他正在把他的艦隊一步步推向死亡的深淵……

糾正失誤

就在幾個月以前，1942 年 1 月，日本一艘名為「伊-124」的潛艇完成了海上布雷任務後，在南太平洋澳洲的達爾文港外遇到了颱風，幾經左衝右突，卻未能脫離險境，偏偏此時潛艇的發動艙又發生了機械故障，在內外交迫的無奈下，它竟稀里糊塗地闖進了一片淺水區。美軍的海上巡邏艦發現後，一陣窮追猛轟，「伊-124」潛艇終於葬身海底。

美軍很快報導了日軍潛艇被擊沉的事件。也許是日本海軍艦隊太龐大了，一艘布雷艇算不得什麼。結果，日方並未作出反應。

這在美軍來說，似乎「擊沉」也就意味著「結束」了。若在剛發生的珍珠港事件之前，興許更會是這樣。然而，這次美軍卻似乎意猶未盡。那艘勝利的巡邏艦非但不急於離去，而且不停地在沉艦水域來回巡邏。三天以後，美軍一艘名叫「霍蘭號」的潛水母艦祕密開進了達爾文港。麥克艦長一聲令下，第一批九名潛水員很快查遍了艇艙，一批文件資料和大量的個人物品堆滿了「霍蘭號」的甲板。

麥克艦長只看中了一本「伊-124」構造分布圖，其它的

則很不感興趣。在對潛艇分布圖資料進行了一番研究後，第
二批七名潛水員又下海了。他們按照麥克艦長指示的路線，
把指揮艙內底朝天地「篩」了一遍，卻一無所獲。就在準備
返回時，一名潛水員在一條狹窄的過道無意間被一具日軍屍
體絆了一下，覺得腳尖有點異樣，返身一摸，從死者緊抱的
懷中掏出了一個小鐵盒，便隨手帶了上來。

　　小鐵盒裝的是日本海軍正在使用的紅色「JN-25」密碼
本 —— 這也是「霍蘭號」千里迢迢趕來的唯一使命。

　　「紅色鑰匙已經找到」一串電波飛向太平洋艦隊司令部，
隨即，一架海軍專機從達爾文港直飛珍珠港。

　　從此，厄運降臨到了日本海軍的頭上。他們自己制定的
對付敵人的祕密，卻成了葬送自己的死亡密碼！

　　而這本紅色的密碼，對美國來說，則是他們在密碼戰中
「覺醒」的一個重要代表。

　　如果說偷襲珍珠港是日本海軍情報的一次輝煌勝利，那
麼美國人則痛定思痛，從此開始了在密碼戰中的反敗為勝。

　　以研究日本間諜祕史著稱的英國理查·迪肯在他的著述
中這樣寫道：在「珍珠港事件」前夜，英國情報局有一個名
叫達斯科·波波夫的雙重間諜，掌握了日本人的偷襲計劃。
但當他把這一重要情報通知了聯邦調查局局長埃德加·胡佛
時，這位局長大人注意的不是情報，而是波波夫的人品，說

他是一個「不道德的墮落分子」。當有人請他對此作出解釋時，他喊道：「請您看看他電文上的那個神聖的署名吧：三駕馬車！這就是說，他喜歡同時和兩個小姐睡覺！」

就這樣，一個如此重要的情報，竟被專管情報的局長隨手扔進了廢紙簍！

而珍珠港事件後，美國國會專門委員會的一個小組在報告中這樣說：「破譯日本的密碼電報，遠比從正常渠道了解他們的消息來得重要。」這種近乎幼稚的「發現」，被人譏諷為「奇怪的斷言」。

但不管怎麼說，美國人正在糾正自己的這一失誤。事實上，1942 年，美國就成立了由麥克阿瑟將軍領導的情報協調局，英國人則在密碼破譯方面給予了美國許多幫助，很快，美國人在這一技術上有了長足的進步。

「破譯 AF」

中途島，有備無虞。

美軍太平洋艦隊司令尼米茲海軍上將首先給島上增調了作戰飛機，還派了魚雷艇擔負島岸沿海巡邏並隨時準備投入夜襲，還在沿島布置了三條弧形潛艇巡邏警戒線。

在海上，尼米茲上將則擺開了海上伏擊的陣勢：組編兩支特混艦隊，都以航空母艦、巡洋艦為主，趕在日軍到達以

前，進入中途島東北方海域等待戰機，準備對毫無察覺的日本航空母艦編隊側翼進行突擊。

這其實是一個反偷襲的陣勢 —— 一個復仇珍珠港恥辱的陣勢。

準確地說，美軍是按照日本人的方案不慌不忙展開廝殺布局的。

美軍前線通訊電臺如果說，破譯密碼使美國人一天一天變得聰明起來的話，那麼，不相信對手竟能破譯自己密碼的日本人，正一天比一天變得愚蠢起來。他們對自己的「密碼」十分保密的想法過於天真了。

研究日本情報的專家戴維·卡恩曾指出：「日本人對他們譯出的那種晦澀難懂的密碼文字過於自信，以為是天書難懂，並且沒有任何一個外國人能夠準確地翻譯出來，這在開始是對的，並且說明後來成了首相的東條英機將軍何以那麼安心。」

時至今日，連日本人自己也承認這一點，歷史學家伊藤正就這樣說：

> 「美軍最高司令部對於中途島作戰計劃的情報和日本參謀本部掌握得幾乎一樣多，但他們卻放鬆了防務措施。海軍被透過中途島發出的無線電報、雷達干擾，以及各種情報攪昏了頭腦。」

事實正是如此嚴酷。

美軍搜尋到的「伊 -124」艇上的「JN-25」密碼，約有四五萬個五位數的數位組。這是日本的密碼「正本」，使用週期長；同時配有一本經常更換的也有四五萬組的亂碼。發報員發報時要隨便加上幾組亂碼，其中一組告訴對方所用密碼本的頁數、段數和行數。也就是說，如果不是拿到密碼本，僅靠破譯技術的確是很難譯的。

美軍太平洋艦隊的特別情報組組長是羅徹福特上校。最近一段時間他們從截獲破譯的日軍情報中察覺了日本海軍正在準備一場大戰役，但是作戰的確切進攻地點尚未搞清，只知道許多電報中都出現「AF」兩個字母。顯然，「AF」在電文中是指作進攻地點的代號，但代表何處卻是個謎。

羅徹福特從堆積如山的情報中，把關於「AF」的電文全部調出來進行徹夜研究。他發現，「AF」有時是作為目的地，有時又作為需要特定裝備的地點，特別是 3 月分的一份電報稱，日本水上飛機攻擊珍珠港時也曾使用過「ΛF」，這就意味著阿留申群島、夏威夷，或者中途島這幾個地方有一處就可能是「AF」。

思維之網一張開，羅徹福特的腦海裡電擊似地來了靈感，他立即派人找來一份剛剛繳獲的日軍太平洋海圖，眼光集中在了中途島上。

魂斷 AF

終於，羅徹福特發現了一個祕密，在中途島的交叉點上有兩條座標線，橫線的一端標明「A」，縱線的一端標明「F」。「就是它！」羅徹福特為自己的發現情不自禁地歡呼起來。

尼米茲上將親自聽取了羅徹福特的研究報告。面對喜形於色的屬下，尼米茲不動聲色，他站在窗前沉思良久，突然轉身對羅徹福特命令道：「發報：命令中途島守軍司令部，用明碼向艦隊司令部發出島內嚴重缺水的電報。」

正在緊張待命的羅徹福特立即明白了司令長官的意圖，這也等於是對他的研究成果的一種鼓勵。他「啪」地一個立正：「是！」

第二天，中途島守軍向太平洋海軍艦隊司令部發報：「此處淡水設備發生故障，供水困難。」兩天後，全神貫注偵聽日方通信的情報人員，終於收到了一份向日本海軍總部報告「AF」淡水供應短缺的電報。

日本人上當了。「一桶淡水換來了無價的『AF』的作戰祕密。」尼米茲上將也不無開心地說。

現在「魚兒」正衝著鉤不知死活地衝過來了。

死亡之約

5月4日清晨，日軍在中途島西北兩百海里水域發起攻擊。一百零八架艦載飛機編隊突襲中途島。然而，這與日本半年前偷襲珍珠港的場面大不一樣，甚至完全出乎日軍的意料。空襲來臨時，中途島美機已全部升空待敵，分成幾個梯隊攔截日機。而五批美軍岸上基地飛機和美艦載飛機近兩百架，則徑直撲向日艦上空實施轟炸。戰鬥打得異常慘烈！美軍四十一架打頭陣的魚雷機，遭到日軍艦炮和戰鬥機組織的密集火網的阻擊，損失慘重。正當日軍「擊敗」美機得意忘形之際，五十架由轟炸機組成的美軍突襲機群從雲層中電射而出，幾乎是垂直地向日軍航空母艦俯衝投彈，「赤城號」、「加賀號」、「蒼龍號」先後在烈火和爆炸中葬身海底。遭受重創的「飛龍號」也於次日沉沒。

珍珠港劫難半年之後，美軍終於在中途島報了一箭之仇。而這次戰役的勝利，也被美國軍界稱之為「情報的勝利」。

這一勝利的意義，不僅使美軍奪回了海上作戰的主動權，而且也扭轉了太平洋戰場的局勢。

雖然日本海軍遭到接二連三的失利，卻「奇怪」得沒有一絲反思的跡象。相反，他們對「死亡密碼」似乎愈來愈漫不經心了。

魂斷 AF

1943 年 4 月 17 日上午，美國海軍部長諾克斯寬大的辦公桌上，一份來自珍珠港的電報靜靜地躺在那裡：

> 「GF 長官定於 4 月 18 日前往視察巴萊爾島、肖特蘭島和布因基地。具體日程安排是：06:00 乘中型轟炸機從拉包爾出發；08:00 到達巴萊爾；然後轉乘獵潛艇，08:40 到達肖特蘭……14:00 離開布因；15:40 返回拉包爾。若遇惡劣天氣，視察順延一日。」

海軍情報機關由於手中有了「JN-25」紅色密碼，早已知道「GF」指日本聯合艦隊司令長官山本五十六上將。對於敵國司令長官在戰時的日常事務安排的電報，屬於「例行公事」，諾克斯草草看過之後，隨手把電報往桌上一扔，就去參加羅斯福總統的中午聚餐了。

羅斯福總統舉行這種「工作餐」的意圖，無非是為高級將領們提供一個交流情況的機會。席間，將領們自然還是談論太平洋戰爭局勢的話題。諾克斯想起剛剛看過的那份電報，隨口說道：「明天早晨山本要去肖特蘭視察。」誰知剛才還有點漫不經心的諾克斯，此刻話一出口，大腦隨之電光石火般地產生了一個奇想。他放下刀叉，伸出寬大的右手，一掌擊在餐桌上：「對！攔截山本，幹掉他！」

山本是製造珍珠港慘案的始作俑者，雪恥報仇，成了眾

將領的共同心聲。此時的羅斯福總統一邊靜靜地聽著將領們的談論，一邊也在快如輪轉地思考著這一計劃的可行性，見將領們的意見如此一致，便點頭表示同意。於是，代號為「復仇」的戰鬥計劃就在總統的餐桌上敲定了。

山本的僚屬們對司令長官的冒險出巡都不贊成，第十一航空艦隊司令官城島高次海軍少將專程從他的防區肖特蘭島趕來勸阻，他一見山本，開口就說：

「剛愎自用的山本五十六！一看見那份荒唐的電報，我就對參謀說，在這樣風雲變幻的前線，怎能把長官的行動計劃用如此冗長詳細的電文發出來呢？只有傻瓜才會這樣幹，這太愚蠢了，太愚蠢了，這簡直是在公開邀請敵人！我絕不允許在我的司令部裡出現這種不計後果的事。」

但是剛愎自用的山本辦事一向運用賭博精神，講究的是出手無悔，對他自己所決定的事，絕不肯輕易更改。

4月18日，日本時間早晨六點，山本五十六的座機準時從拉包爾的拉庫納機場起飛。他只是接受了僚屬的一條建議，沒穿雪白的海軍制服，而是一套綠色的軍便服，戴著白手套，挎著山月軍刀，從容地走上了座機。

美方把「復仇」任務交給了第三三九閃電式戰鬥機中隊，中隊長約翰・米歇爾少校經過精密的圖上作業，把時間精確到恰到好處。是日，正當山本在拉包爾享用早餐的時

魂斷 AF

候，米歇爾率領的十六架戰機已悄無聲息地飛行在布干維爾島的綠色海岸線。兩小時後，即九點三十三分，機群到達了預定空域，此時比預定時間提前了一分鐘。他們隱蔽在厚厚的雲層中，急切地在空中搜尋他們的獵物。九點三十四分，山本的機隊如期而至，米歇爾一聲令下，十六架飛機猶如餓虎撲食般衝了過去⋯⋯

太平洋戰爭時期這一戲劇性的歷史一幕，前後只用了短短的三分鐘時間。

「復仇」機群勝利凱旋，米歇爾少校收到了總部的賀電：「在獵獲的家鴨中，似乎夾帶著一隻『孔雀』。」

當然，美軍的這一報告是在東京廣播正式宣布山本死訊時才得到最後證實的。

山本五十六的覆滅，似乎才讓日本回過一點「味」來。他們百思不得其解：山本出巡的日程何以洩漏出去的？他們開始懷疑自己的密碼出了某種問題。為證實他們的猜測，日本情報人員又草擬了一份草陸任一司令官要到前線視察的電報，以試探美國海軍的反應，但狡猾的美國人並沒有上當，一副麻木不仁、不理不睬的架勢。與此同時，米歇爾和他的中隊，照例在布干維爾島附近巡邏，一副偶爾為之、天助我也的假象。

於是，日本人又一次犯下了自欺欺人的錯誤 —— 他們相

信自己的密碼還是可靠的。

美國的這一機密一直守到戰後。所有與行動有關的人員都被嚴肅地告知不得洩漏半點風聲，就連擊落山本五十六的蘭菲爾特的立功勛章、晉升軍銜的儀式，都是祕密進行的。

偷襲珍珠港僥倖成功使山本五十六的聲譽在日本國內達到頂峰，山本自己也飄飄然以功臣自居。實際上，作為一個最高軍事指揮官，如果真正仔細反思，會發現這是一個最大的戰略決策錯誤。而在他指揮進攻中途島海戰的全過程中，無論從戰略決策、軍力部署、作戰計劃、戰鬥指揮、以及倉皇退卻等任何一個環節來分析，他都犯有嚴重的錯誤，致使日軍的局部絕對優勢變成劣勢，「名將」變成了敗將，這已是不爭的事實。

真是成也密碼，敗也密碼。當年池步洲破譯了日軍偷襲珍珠港的密碼，可惜，當年這份密電由蔣介石交給了美國總統羅斯福後，美國人不相信中國特務的能力，於是導致了一場災難的發生。

幾個月後，日本人又太過於相信自己的密碼了，以致於把自己的英雄送上了斷頭臺，正如美軍上將尼米茲所言：

> 「對日本不幸的是，美國透過破譯日本的無線電密碼，掌握了山本長官乘飛機到布干維爾島的詳細計劃。考慮到山本長官一絲不苟的性格，我們從亨德遜

魂斷 AF

　　機場派出了一個續航距離長的戰鬥機隊，在山本座機
飛近著陸機場時，按計劃準確地將它擊落了。」

　　儘管日本人無論如何難以接受這一難堪的事實，但也只
能把他們自己親手釀造的苦酒，和著悔之不及的淚水囫圇地
強咽在自己的肚子裡。

格魯烏王牌特務

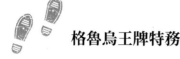

格魯烏王牌特務

「德國將向蘇聯發動攻擊」

尚多爾‧拉多 1941 年 6 月，瑞士，這個擁有永久中立的身分風光旖旎的小國，雖然躲過了二戰的硝煙，但在平靜的表面如常下，蘇聯、美國、英國、法國、德國和義大利在這塊土地上的祕密間諜戰正在進行。各路「神仙」都在暗地活動，瑞士儼然成了二戰主要交戰國的情報集散市場 —— 當然是跳蚤市場。

德國納粹在瑞士也建立了完整的無線電測向網絡，無線電反間諜局監聽站隨時關注著在歐洲上空的每道電波。

在 1941 年 6 月 16 日至 17 日夜間，德國的克蘭采監聽員發現一個不明身分的無線電信號兩次以同一密碼出現。克蘭采監聽員與布列斯特監聽員通話後，判定出這個呼號為「鋼琴家」的信號發送位置在日內瓦湖地區。納粹德國譯碼局局長吉列將軍、蓋世太保頭目米勒和帝國安全總局情報處長、黨衛軍將軍瓦德爾‧舍連別格都知道並確認：在日內瓦有一個蘇聯的諜報員在活動。當時的納粹無法破譯電報的內容，但他們不知道，這道電波正在向蘇聯傳送足以震撼世界的重要訊息：「德國不日將向蘇聯發動攻擊！」

這封密電，發自蘇軍情報系統 —— 格魯烏設在瑞士的情報站。情報站的負責人是個匈牙利人，他是一個帶有傳奇色彩的紅色特務尚多爾‧拉多。

蘇聯總參情報部

要了解尚多爾‧拉多，就不能不先了解格魯烏。「格魯烏」（GRU）是蘇聯總參謀部情報部的簡稱。它是一個神祕而強大的情報組織，有一個同樣神祕而強大的間諜統帥 —— 格里科夫。

提起蘇聯龐大的情報系統「KGB」盡人皆知，但格魯烏卻鮮為人曉。這是蘇聯情報系統中最隱祕、埋藏最深的軍事情報機構，即便是「KGB」和蘇聯政權機構的一般官員，對格魯烏也沒有全面的了解。自 1918 年成立以來，作為龐大的蘇聯紅軍的耳目，格魯烏在蘇軍參與的所有軍事行動中均有不凡的表現。即便在蘇聯解體之後，俄羅斯聯邦軍隊的情報收集依舊要依靠格魯烏的餘脈。

格魯烏成立後，迅速發展起龐大的國外諜報網。這與當時的客觀條件及所承擔的任務密切相關。當時有利的客觀條件是：10 月革命後，僅蘇聯中央地區就有四百多萬外國人，分別來自德國、奧地利、匈牙利、波蘭、捷克、朝鮮、塞爾維亞等。這些人大多數是戰俘和難民，其中有三十多萬人報名參加紅軍。更何況這些人本身就是忠於馬克思主義的，不需要招募和審查，軍事情報部門只要對他們進行一些技術訓練，就可以將他們派出，成為具有良好身分掩護的間諜。其次，10 月革命後，上百萬的舊沙俄移民分散到世界各地。他

們的主要成分是沙俄的王公貴族、白俄軍官、資本家、地主等,因為害怕蘇聯紅色政權而逃往世界各地。這些外逃移民也為格魯烏的派遣提供了得天獨厚的條件。經過訓練的間諜只需要偽裝成前沙俄資本家的身分,就可以順利地隨著移民洪流進駐到英美等國家。這些獲得當地永久居留權的蘇聯僑民和外籍蘇聯人,後來也成為蘇聯諜報機關布設諜報網的依託條件。

除此之外,1930 年代的國際形勢對格魯烏招募和發展間諜也極為有利:共產主義運動在全世界獲得了廣泛的同情和支持。在西歐不少大學裡,研究共產主義成為一種時尚,並把蘇聯看成新型社會制度的樣板。格魯烏抓住這一時機,成功地在西方一些國家中招募了一批間諜。其中比較著名的有1930 年代在英國劍橋大學招募的非爾比等四人,後來被人們稱為「劍橋四傑」。其中,非爾比在英國情報機關官至處長,為蘇聯效力達三十年之久,提供了大量軍政機密情報。

格魯烏的主要間諜學校,設在莫斯科人民軍事大街上一座像博物館的建築內。這是一座用希臘柱裝飾起來、隱藏在高大鐵柵欄和濃密白樺林後面的樓房。這所學校與格魯烏一樣,也有代號:35575 軍事部。它對外的正式校名是「蘇聯軍事外交學院」。

在蘇聯國力軍力日益強大,逐漸傲視歐洲的時候,災難

突然降臨。1937 ～ 1938 年間,史達林發動了大清洗,包括當時的格魯烏首腦別爾津在內,大批優秀情報軍官被殺。蘇聯紅軍情報機構幾乎被整個摧毀。由於情報機構癱瘓,1939 ～ 1940 年冬季蘇聯紅軍發動蘇芬戰爭時,士氣低下、人員鬆懈的格魯烏沒有提供任何有價值的訊息,就連芬蘭軍隊裝備了衝鋒槍這麼簡單的情報都沒有弄到。蘇軍在冬季戰役中受到嚴重挫折。

所幸的是,格魯烏情報系統的中下層 —— 派遣內外的間諜躲過了大清洗。

隨著德軍進攻法國,日益嚴重的戰爭迫使蘇聯重新重視軍事情報。

1940 年 6 月,菲利普.格里科夫被任命為總參情報部部長。在格里科夫的領導下,格魯烏奇蹟般地復活起來,很快成為一支卓有成效的軍事力量。在這位復興干將的努力下,格魯烏的國外諜報網重新啟動,收集了大量很有價值的機密情報。

戰爭開始後,經史達林批准,格里科夫以蘇聯軍事代表團團長的身分率領大批軍政要員去國外,恢復戰爭開始後被切斷的祕密交通線和諜報網。他先後去了英國和美國,官方使命是採購武器裝備。當然,作為高級特務,在公開身分之外,格里科夫利用這次訪問,與在德國占領區的蘇聯間諜取得了聯繫,並布置了任務。

這個新的間諜網包括了幾乎所有的德國占領和控制地區，其中包括：由格里科夫選中的諜報天才特雷帕爾一手組建的德國本土情報網，在 1941 年底特雷帕爾被捕後的「紅色樂隊」情報組織，以及在瑞士的「拉多」情報網。在這些諜網的分支中，「紅色樂隊」處於納粹的重重圍捕中，常常疲於奔命，存在時間最長、影響最大的，還是「拉多」情報網。

拉多情報網

尚多爾·拉多是匈牙利人，在二戰爆發前，他就是匈牙利著名的地理和地圖學家，精通德語、匈牙利語、俄語、英語和法語。

拉多是 1918 年匈牙利「秋玫瑰革命」的積極參加者，並加入了匈牙利共產主義政黨 —— 匈牙利社會黨，受僱於共產國際的情報部門。他多才多藝，談到數理化便滔滔不絕，在做間諜的時候尤其擅長與別國的科學家、工程師交流，可以很快就和這些學者們找到共同語言。

由於瑞士是中立國，所以拉多情報網的組建較為順利，也比較安全。而二戰中瑞士與納粹德國有著密切的經濟、政治連繫，因此對在瑞士的德國人進行滲透，也能獲得極有價值的軍情。

1938 年，拉多開始負責建立格魯烏在瑞士的情報組織。接手情報站之初，拉多就顯示了不同尋常的魄力，他決心以瑞士為基地，將情報的觸手伸向瑞士之外。拉多的情報員以瑞士公民身分，不斷向柏林、巴黎、布魯塞爾等地成功滲透，獲得了數量極大的情報。

拉多具有的扎實理工科基礎，在竊取科技情報的過程中發揮了決定作用。他對前沿科技敏銳的感覺、對科學研究機構的熟悉，都使他在工作中如魚得水。1942 年中期，蘇聯發現美國、英國和德國都在進行核研究，而蘇聯對此了解甚少。於是，莫斯科指示格魯烏的情報機構，迅速弄到鈾問題的情報，並指示：「速查明：什麼方法可實現鈾元素鏈式反應……搞清楚物理學家海森堡在何處和博拉實驗室物理學家的名字。」

一個月後，拉多給莫斯科回話：「已查明，用中子攻擊同位素鈾 235 可使這種原子核爆炸，並發展三到四個中子……他們落在鈾 235 新核子上，又會發生新的爆炸。這些連續爆炸被稱為鏈式反應。」

這是蘇聯獲得的最早一份關於核爆炸原理的書面文字。此外，拉多還弄到了濃縮鈾的相關情報，並在電文中提到：「德國人在利用鈾同位素的密度差別，進行迴旋加速器的試驗。」

格魯烏王牌特務

7月初，拉多再次向莫斯科通報：「萊比錫的物理學家海森堡已不再進行鈾原子轟擊試驗，因為德國人已不信任他，並把他排擠到獨立研究的大門外。這項工作已交給物理學家季赫茨。巴黎的喬利奧教授和其妻子正在夜以繼日地研究原子分裂問題，蘇黎世的海爾鮑教授也在致力於這項工作。」在正式的情報發送完畢後，拉多又自作主張地添了一句：「我估計，德國人不會有什麼進展。」

真所謂「行家一出手，就知有沒有」。在二戰結束後，美國原子計劃參與者、諾貝爾獎獲得者漢斯‧貝特才得出與拉多類似的見解。漢斯‧貝特評價說：「德國人想建核反應堆的計劃，在 1945 年之前只能艱難地走過一半的路程。」因為要想製造出原子彈，一個可以運行並測量裂變數據的反應堆只是最初的一步，反應堆之後，還有五分之四的工作需要完成。納粹德國直到二戰結束都沒有建成一個可運行、測量參數的反應堆（他們的反應堆材料、重水工廠在戰中被盟軍摧毀）。

拉多竊取納粹德國科技情報到了登峰造極的地步。德軍尚未正式裝備，拉多的助手就竊得了德國最新「虎」式坦克的情報，甚至包括其生產量和投入東線日期；查明了德國工廠生產用的毒劑型號，還搞到了毒劑配方。在德軍一線部隊還未裝備 STG44 突擊步槍的時候，拉多就已經將 STG44 的資料和步槍彈的樣彈送到了蘇聯軍事領導的辦公桌上。

　　除了竊取德國科技情報，拉多情報站還擔負著收集盟軍科技成果的任務。

　　在二戰時，出於反納粹同盟的立場，英國和美國的軍工廠和實驗室的大門為蘇聯敞開著，從坦克、航空發動機到戰艦的火控系統，英美都表示願意提供。但拉多想得到的不止這些。在公開身分的掩護下，拉多開始行動。拉多到底做了些什麼，收集到哪些具體機密，至今仍沒有完全解密。但蘇聯解體後逐漸散出的祕密資料顯示，拉多透過在瑞士的歐洲物理研究中心、航空公司等機構，將目光瞄準了美國核物理研究、噴射式發動機的理論研究，以及大型航空母艦的技術。拉多從公開和祕密渠道雙管齊下，與工廠經理、科學家、工程師們進行廣泛的合法接觸，討論科技方面新的發明和先進工藝，從中獲取了大量科技和工業情報。與此同時，他還進行了大規模的祕密竊取活動。

　　據美國情報專家估計，在 1941 ～ 1945 年期間，蘇聯派駐美國、瑞士的情報人員以及在當地招募的下線科技情報員達數百名。這些人竊取了大量美國先進技術，對蘇聯的科技發展造成了巨大影響，尤其在原子科學方面，為蘇聯節省了巨額經費和數年時間。另據估計，這些科技情報員在二戰期間和二戰結束後，從美國獲得的核武器機密包括：鏈式反應方程，反應堆基本布置圖，濃縮鈾工藝流程和設備圖紙，槍

式原子彈和內爆式原子彈的設計圖。

在二戰結束之前，由於人力、資源緊缺，蘇聯一直沒有正式啟動原子彈的研究工作。但從 1946 ～ 1949 年，短短三年間，蘇聯就完成了從零開始到原子彈的設計和試驗的過程，研製費用也比美國曼哈頓工程低一個數量級。如果蘇聯沒有那些從美國、英國和加拿大竊取到的情報，自己摸索、重複曼哈頓工程的路子，會需要十年或更長時間才能達到美國在 1947 年的水準，但實際上，蘇聯在 1949 年就成功地爆炸了第一顆原子彈。這其中，拉多情報站的情報系統功勞不小。

在盟軍的軍事情報收集方面，拉多情報網還利用種種特殊的手段，獲悉了大量英美盟軍的作戰計劃。

在 1942 年和 1943 年，蘇德戰場上，蘇軍出現了短暫的困難，被迫一再要求英美盟軍出兵，提前開闢第二戰場。而美國和英國此時對蘇聯的要求以外交辭令敷衍，聲稱將在 1942 年開始在歐洲本土登陸作戰。此時，拉多的情報網準確獲取了英國所謂「歐洲登陸戰鬥」的詳細計劃：實際上並非邱吉爾所說的開闢第二戰場的大規模登陸，而只是一個加拿大步兵團和部分英國特種部隊的試探性登陸（即後來的迪耶普登陸戰鬥）。蘇聯外交高層在獲得這一消息後，立即在盟軍峰會中對英美的敷衍態度進行了批評，從而取得了外交上的優勢。此事件可看出，諜報工作不僅是針對敵人，對盟友

的情報收集也至關重要。

1941 年 6 月 17 日早晨，來自日內瓦一封的譯電放在了情報部長格里科夫的辦公桌上。拉多情報站向格魯烏總部發報：「德國軍隊集團正向蘇德邊界增兵，並完成了從希臘向波蘭的兵力投送。21 日黎明時分，希特勒匪徒越過了蘇聯邊界。蘇聯的無線電員和德國無線電反間分隊的戰爭早已拉開了帷幕。」

「紅色三套車」成員在格魯烏接收到情報的同時，設在瑞士的納粹情報站也監聽到了電波。而在更早的時候，這樣類似的電波也屢屢出現。從瑞士 —— 時而從蘇黎世、時而從洛桑 —— 最初是兩人，爾後變為三個身分不明的無線電通信員。舍連別格將軍深信，他們是在為莫斯科工作。他發誓，一定要消滅這個「紅色三套車」。

的確，拉多手下有三個無線電員，一對瑞士夫婦 —— 愛德華和妻子奧莉加從日內瓦發報，一個英國人亞歷山大·福特（吉姆）在洛桑工作。德國人入侵蘇聯之前，經驗豐富的尚多爾·拉多已建立了兩條與莫斯科聯繫的通信線路。他們的工作準確無誤，暢通無阻。

戰爭一開始，拉多的偵察情報就源源不斷地流向莫斯科。他親自吸收一位二十二歲義大利小姐瑪格麗特·博利作為聯絡員和報務員，並指示日內瓦的無線電工程師兼無線器

材店老闆為小姐組裝一部電臺。由於這個小姐很漂亮，因而上級稱其行動代號為羅扎（俄文意即玫瑰）。後來蘇聯總參謀部評價尚多爾·拉多情報組的工作時，幾位專家甚至稱第二次世界大戰是在瑞士贏得的。

在瑞士，雖然黨衛隊和蓋世太保的行動比在德國收斂，但尚多爾·拉多承受著巨大的工作壓力。他幾乎每天都要與組員碰面，接受情報，下達指示，親自處理彙總所有事情。他的無線電員每天都要進行幾個小時的無線電收發工作。但發報越多，被敵破壞的危險也就越大。莫斯科理解這一點，但卻無法改變現實：總參謀部需要有關德國最高統帥部向東方戰線部署兵力的精確情報。

在拉多提供的海量諜報背後，更為傳奇的是：在整個戰爭期間，即使是格魯烏總部，也不知道拉多的情報是在什麼地方用什麼手段搞到的，情報站的主要下線情報員都是誰，在德國何處任職。作為一名老練的間諜，拉多深知情報系統單線聯絡的必要性，許多情報員他只以口頭聯絡和憑藉記憶進行情報交接，而依照他的行事風格，情報員又與各自的下線保持單線聯繫，就連拉多本人，也無權知道下線的下線情報員姓名和職務。

莫斯科多次要求拉多查明被招募的下線間諜的真實姓名，原因只有一個：格魯烏總部需要知道這些情報員的消息

是否可靠。拉多則回答莫斯科說：「要搞清楚情報員的真實身分『不太可能』，但我能保證這是真實的、有價值的情報。」從 1940 年開始，拉多獲得的情報就開始源源不斷地發往莫斯科。1942 年，拉多情報站向格魯烏發出了八百多封密電（約一千一百頁），而 1943 年僅上半年，發出的密電就多達七百五十封。

間諜滲透至德高層

1942 年 8 月，尚多爾・拉多決定擴大諜報團隊，將諜報網滲透到希特勒的心臟。「拉多」小組女特務拉舍爾・丘賓多費爾（特情代號西西）吸收了自己的熟人赫裡斯蒂安・施奈德。他們於 1935 年相識，同在瑞士國際勞動局工作。此後施奈德（代號泰洛爾）又發展了好友魯道夫・列賽爾 —— 一個德國人，他原在柏林工作，但納粹上臺後他逃到了瑞士。魯道夫住在瑞士小城盧塞恩，開辦了一個書店作為掩護。此人神通廣大，並與瑞士情報機關積極合作，瑞士軍隊總參謀部還發給他一個特別證件，上面寫著：「請各機關和個人給魯道夫以援助，以便完成使命。」

早在柏林時，魯道夫就與德國外交部和軍界的高級官員保持著友好關係，當希特勒對歐洲開戰時，柏林的反法西斯戰士透過魯道夫向瑞士、英國和美國通報了希特勒的戰爭計

格魯烏王牌特務

劃。1942 年 9 月，希特勒「行政當局中的一些反納粹人士開始與俄羅斯情報機關祕密接觸。透過這一管道，大量重要情報從柏林流向蘇軍情報部，並形成了一個鏈式諜報網：柏林負責人 - 魯道夫（代號柳茨）- 施奈德 - 丘賓多費爾 - 組長拉多 - 莫斯科。魯道夫向直接聯絡人提出一個合作條件：與莫斯科聯絡的一切信函中柏林人員均用假名。被招募的德國間諜分別是：維爾杰爾（德軍總參謀部軍官）、安娜（德國外交部工作人員）、特迪（德國武裝力量最高統帥部將軍）、史陶芬堡（德軍上校）。格魯烏總部多次要求拉多提供這些情報下線人員的姓名和職務，但拉多死不鬆口，堅持自己不需要知道，也不需要讓上級知道。最後，格魯烏歐洲局只好無奈地批文：「暫停身分驗明工作。」

　　1944 年，尚多爾・拉多獲悉德軍一些上層軍官對希特勒的憤怒已達到極點，他指示在能夠接近元首的軍人中物色一個反納粹人士，尋找機會幹掉希特勒。於是，這項艱巨的任務落在了史陶芬堡上校的身上。1944 年 7 月 20 日這天，希特勒決定在他的東普魯士臘斯登堡「狼穴」—— 元首大本營內召開會議。當希特勒正在侃侃而談之時，坐在他身邊的史陶芬堡上校將一個內裝有定時炸彈的公文包放在座椅上，並悄悄地離開了元首大本營。隨著一聲巨響，臨時建立的會議室的牆壁和窗戶被炸毀。可是，希特勒卻像幽靈一般逃出

了死亡陷阱，只是被爆炸產生的衝擊波輕輕震傷……

在盟軍與蘇軍搶奪情報的暗地競爭中，拉多永遠走在前面。截至目前人們還不清楚，在戰爭年代美國和英國情報機關與蘇聯紅軍情報局共同分享由瑞士發出的柏林情報比例究竟是多大。但人們已知，美國中央情報局前局長杜勒斯對蘇軍情報部的戰果十分羨慕。他在《情報藝術》一書中寫道：「魯道夫在瑞士成功地竊取了德國最高統帥部的最高機密，遺憾的是大多都落在了史達林手中……」

紅軍總參情報部第二局對尚多爾‧拉多的特情組評價更為精確：「拉多小組的情報網廣大無邊，能力無限。它為下列問題提供了廣泛的材料：德國軍政領導及其武裝力量統帥部的計劃和意圖；對歐洲各國和東線兵力的調遣；德國生產坦克、飛機、火炮的能力；德國對蘇聯發動化學戰的可能性情報……」

不幸被警方破獲

1943 年初，德國黨衛軍少將瓦爾特‧舍連別格充分掌握了「紅色三套車」無線電員的活動情況。1943 年 8 月，應個人邀請，瑞士警察總頭目毛勒出訪柏林。舍連別格將活躍在瑞士領土上的三個電臺的專案文件擺在來客面前，並要他快速緝拿案犯。舍連別格的態度十分強硬，他稱，這些無線電

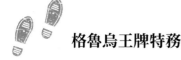

員如繼續活動將給德瑞關係蒙上陰影，瑞士的獨立也將受到威脅，一切後果將由瑞士自負。在德國的威脅下，瑞士被迫採取行動。

由特雷爾中尉指揮的瑞士警方特種無線電分隊迅速展開偵破工作，搜捕「紅色三套車」成員。9月9日，多部車載測向儀出現在日內瓦的大街小巷。經過反覆切斷該街區的供電系統後，他們查明有一個身分不明的無線電員正在佛羅裡桑大街的一處住宅裡發報，這裡正是無線電器材店老闆愛德華和夫人奧莉加的住處。

9月25日，羅扎（瑪格麗特·博利）的電臺方位被測定。愛德華和羅扎的住宅被警方監控。儘管警察局對監控行動採取了隱蔽措施，羅扎還是發現了室外有一些形跡可疑的人，並向拉多匯報了情況。拉多命令他們暫停發報，同時指派愛德華取走羅紮住宅中的電臺。10月10日，拉多向莫斯科通報了可疑情況。

但隨後形勢急轉而下，10月14日零時，奧莉加開始向莫斯科例行發報。一點三十分警察破門而入，一架剛剛發報完的電臺，幾封收發電報和密碼簿被警察繳獲。在抓捕「紅色三套車」成員的行動中，瑞士出動了七十名警察和大批警犬，日內瓦警察局長親自坐鎮指揮，憲兵司令和警察局政治處長協助其工作。這其實並非瑞士所情願，只是被蓋世太保

控制而已。在大搜捕中，瑞士警方在愛德華夫婦的無線電器材店裡發現了羅扎的電臺。

黎明時分，警察衝進羅扎的住宅，但她沒在家裡。最後警方在她的情夫、蓋世太保祕密間諜漢斯‧彼德爾斯的床上抓到了她。蘇聯間諜和德國特務居然是情人，這恐怕是電影裡才有的情節。

10 月底，無線電員亞歷山大‧福特、西西及丈夫鮑威爾，魯道夫‧列賽爾和其他幾名成員先後被捕。隨後，決定他們的命運不是戰時法則，而是大政治原則。瑞士聯邦安全局長羅熱‧馬松上校向舍連別格通報說，瑞士政府履行了自己的職責，但伯恩已明白，戰爭結局決定了不值得與蘇聯、英國和美國的關係搞僵。因此，所有被捕者均被釋放，條件只有一個 —— 戰爭結束前不得離開瑞士，但這一要求也只不過是形式而已。

在追捕中，尚多爾‧拉多得以隱藏起來，身分沒有暴露。但令他沒有想到的是：二戰中納粹的重重圍捕都沒能抓到他一根毫毛，但戰後卻「英雄氣短」，被北約控制下的瑞士政府刁難了許久。

格魯烏王牌特務

諜報英雄反入囹圄

　　1943 年 10 月，特情組的無線電員被捕後，厄運向拉多悄然逼來，這種遭遇延續了長達十一年。「拉多」小組受挫後，拉多潛藏在瑞士。1944 年 9 月，他決定和妻子葉琳娜（也是「多拉」特情組特務）逃往從德國人手裡解放出來的巴黎。他把兒子伊姆勒和亞歷山大及年邁的岳母暫留在日內瓦。一個法國少校幫他越過了邊界。帶著法國游擊隊給他的證件，9 月 24 日拉多和妻子來到了法國首都。1944 年 10 月 26 日，拉多來到了蘇聯駐巴黎外交使團。在這個使團裡有一位總參情報局的特務，因而莫斯科很快就知道了拉多的到訪。中校亞歷山大·諾維科夫受命與他保持聯絡。

　　諾維科夫非常古板，對於拉多的情況他完全不知道。拉多認為，蘇軍情報部的代表肯定會像對待英雄一樣迎接他。

　　然而他卻遭到了冷遇。諾維科夫建議他寫一份工作總結，幾天後又通知他到莫斯科進行全面總結。拉多請求推遲一兩個星期，因為他還沒有得到法國的居留證，但諾維科夫卻堅持要他馬上起程。

　　一天，拉多在使團的走廊上遇見了亞歷山大·福特，自己在洛桑時的部下。原來，福特也在諾維科夫的控制之下。但是，莫斯科的代表並沒有在自己的面前提起無線電員福特，這自然引起了老偵察員的警惕。他第一次感覺到，有人

不信任他。令他更痛苦的是，諾維科夫收走了他的個人證件，只給他一個名為伊格納季・庫利舍爾的蘇聯公民遣返證書。1月8日，拉多帶著這個證書登上了飛往莫斯科的航班。

亞歷山大・福特也乘本次航班飛往莫斯科。拉多並不知道這事。他甚至沒有料到，內務人民委員會的幾個軍官正在監視他和福特的一舉一動，他們坐在不同的客艙裡。在飛機上拉多的身旁坐著一個中年男子。他自我介紹說他叫列奧伯特・特列貝爾。他們很快就找到了共同感興趣的話題。特列貝爾告訴拉多，由於「拉多」小組受挫，莫斯科將要嚴懲他們……

飛機沿著巴黎－馬賽－那不勒斯－開羅－德黑蘭－巴庫－莫斯科的航線飛行。在開羅停留的一晝夜間，全體乘客被安排在「月亮公園」飯店的單間裡。清晨，伊格納季・庫利舍爾走出飯店，要到蘇聯使館牙醫那裡看牙病。但庫利舍爾一去不返，也未出現在機場。機長巴布納什維利少校向使館祕書說，一個乘客失蹤了。

在此後的幾天，蘇聯使館人員一直在尋找他的下落，並以官方形式請求埃及外交部副部長哈桑・利沙特・帕舍爾予以協助。埃方最終查明蘇聯公民伊格納季・庫利舍爾藏在英國使館裡並向英當局尋求保護。但是，英國政府不願破壞與蘇聯之間的關係，把庫利舍爾移交給了埃及當局。埃及人把

流亡者藏在開羅附近的外國人隔離營裡。後來才知道，庫利舍爾在英國使館裡受到了軍情局特務的審問。但他陳述的事實並未引起英國情報機關的興趣。幾年後，當他們得知拉多的大名時，才後悔當初放走了一條大魚。

蘇聯駐開羅使館向埃及當局提交了一份人民內務委員會「專家」偽造的公訴狀，稱拉多是一個刑事案犯並把他弄回使館。8 月 2 日，拉多被押解到莫斯科，隨後被「除奸黨」逮捕。1946 年 12 月，蘇聯國家安全部特別會議以間諜罪為由判處拉多喪失自由十年。

然而，拉多的苦難還不止於此，他是第一個同時受到兩國法庭起訴，並同時服兩份刑的間諜。

在冷戰帷幕升起之際，蘇聯拉多情報站的特務最後還是被瑞士送上了法庭。這已是戰後的事情，至今還不清楚這是瑞士當局遵守民主法律意願，還是伯恩與華盛頓、倫敦的一致行動，因為此時英美兩國已掀起了反蘇「浪潮」。1945 年 10 月 22 日，伯恩軍事法庭以「拉多」特情組對德國實施非法間諜活動為由開審此案。西西被判喪失自由兩年並處以罰金五千法郎。她的丈夫鮑威爾·貝切爾被判兩年監禁。施奈德被判入獄 1 月。但最主要的情報人魯道夫·列賽爾被判無罪，當庭釋放。

1947 年 10 月，日內瓦第二次開庭，已經返回祖國的尚

多爾·拉多缺席被判一年監禁。他被勒令十年內禁止訪問瑞士。與他一同被審的還有無線電員福特、愛德華和奧莉加夫婦及羅扎。

難以忘卻的功績

八年後，1954 年 10 月，拉多被釋放。隨後他離開了莫斯科，來到了布達佩斯，妻子葉琳娜和已成年的兒子正在那裡等待著他。看到闊別已久的家鄉和親人，拉多知道，自己的苦難快要結束了。1956 年蘇聯最高法院軍事審判廳以「無犯罪要素」撤銷國家安全部特別會議的判決。

戰爭中的拉多總是與勛章失之交臂。1942 年 5 月，蘇聯情報部長僕伊利喬夫中將給「拉多」特情組發一封電報，對其在戰爭十個月中所做的工作表示感謝，並稱統帥部將給拉多呈請政府獎賞。但由於史達林格勒的戰線吃緊，蘇聯情報部一時無法將拉多的勛章送交他手中。

1942 年 10 月 9 日，格魯烏正團級幹部處長愛普斯坦因編制了一份「為完成紅軍總參謀部特種任務人員呈請政府獎賞名單。」拉多因「系統性地提供絕對價值情報」被呈請授予列寧勛章。但由於拉多不願意向上級提供自己情報下線的姓名等資料，這個勛章在審核過程中被偷偷拿下了。與拉多同時被呈請政府獎賞的還有無線電員亞歷山大·福特 ——「紅

星」勳章，無線電員愛德華和奧莉加夫婦 ——「榮譽」勳章。與拉多一樣，他的戰友們也沒有得到任何勳章。

1972 年蘇聯總參情報部因工作失誤向拉多表示抱歉。他被授予一級衛國戰爭勳章。此後他多次訪問莫斯科，與蘇聯地圖學家保持著友好關係，並被授予各族人民友誼勳章。不過，拉多仍未獲得列寧勳章。

回到匈牙利的拉多，成為一名地理學和經濟學家，先後擔任布達佩斯大學教授、匈牙利國家測繪局處長、匈牙利地理委員會主席，在整個歐洲學術界中都享有極高聲望，但是，隨著時間的流逝，人們漸漸只記得這麼一個「學者拉多」，許多蘇聯和匈牙利的年輕人忘記了他就曾經是那個讓納粹聞之色變的間諜拉多。直到 2001 年 1 月，俄羅斯聯邦總參謀部解密的資料公布，他這段傳奇的間諜生涯才為世人所知。

1989 年，尤利安‧謝苗諾夫曾在致蘇聯最高蘇維埃的公開信中呼籲授予這位情報員蘇聯英雄稱號，但他的呼籲被人當作過眼煙雲。隨著蘇聯的解體，拉多獲取最高榮譽的夢想更無法成為現實了，但他的個人功績是人民所不會忘記的。

竊取「珍珠」

竊取「珍珠」

接受重任

　　1941 年 10 月 18 日，日本海軍先遣編隊向夏威夷進發。1941 年 12 月 7 日，發生了震驚世界的珍珠港事件。日本海軍集中了一支擁有三十一艘戰艦的龐大艦隊（其中包括六艘巨型航空母艦和三百五十三架飛機），在極端機密的情況下，神不知鬼不覺地駛過幾千里大洋，以迅雷不及掩耳之勢，向被世人認為是世界上防禦最強的美國太平洋海軍基地 —— 珍珠港基地發動了突然襲擊。僅僅兩個小時的時間，就使美麗的軍港變成了美軍的墳墓。在這一事件的幕後，雙方的情報機構，特別是日本海軍的情報機構，為在戰爭初期壓倒對方、奪取策略主動權所展開的廣泛的情報與反情報活動，則是導致珍珠港事件的最基本和最關鍵的原因之一。

　　中國古代的軍事家孫子曾說：「知己知彼，百戰不殆」。日本的軍事指揮家們深知，日本海軍要遠程奔襲，與實力強大的美國海軍作戰，必須準確掌握美太平洋艦隊的各種軍事情報和艦隊的動向（包括珍珠港地區的氣候等）。

　　1941 年 2 月，在日本海軍開始制定襲擊珍珠港作戰計劃後不久，山本五十六大將認為，這一襲擊作戰能否取得成功，十分關鍵的先決條件是：當日本海軍特混編隊的艦載機開始對珍珠港發起攻擊時，美國海軍太平洋艦隊的主力艦隻是否停泊在港內？如果美國太平洋艦隊的主力艦隻當時不在

港內，整個作戰行動將前功盡棄，後果不堪設想。為此，日本海軍情報機構於 3 月末，專門向日本駐夏威夷總領事館派了一個名叫吉川猛夫的海軍少尉情報官，化名「森村正」，以領事館書記生（祕書）的公開身分作掩護，重點蒐集、掌握美國海軍艦隻在珍珠港駐泊的情況，以便為日本海軍適時地襲擊珍珠港提供可靠的依據。

吉川猛夫 1912 年 3 月生於日本松山市，1930 年中學畢業後，考入廣島縣江田島海軍學校。1933 年畢業後，他經半年多的航海實習生活，於 1934 年 8 月被分配到巡洋艦「由浪」號當通信密碼官。後來，他又到橫濱的水雷學校和霞浦飛行練習隊深造。但學習期間由於患病，中途不得不住進東京築地的海軍醫院治療。出院後，根據醫囑，回家鄉療養。因身體健康原因，不能再到軍艦上服役，最後退出了海軍現役。但吉川對海軍工作懷有深厚的感情，退役後的吉川，自願在家做宣傳日本海軍的工作。他開始奔波於各村的小學校、鄉軍人會、消防隊之間，作巡迴演說。

一次偶然的機會，又給吉川帶來了再次到海軍服役的機會。一天，一位海軍人事部長來到吉川的家鄉，做有關時局的講話。當時，吉川身穿在海軍服役時的制服，和村長、紳士們一起迎接這位部長，並由吉川向部長發出「敬禮」的口令。那位海軍人事部長發現吉川穿著海軍制服，誤以為吉川是海軍部隊的現役軍官，便嚴屬地斥責吉川說：「如今海軍

忙得不可開交，人手極端不足，而你一個年輕軍官卻悠閒自在地待在鄉下，太不像話了！」吉川忙向這位人事部長說明原委，並請求他在海軍方面給找一份工作。這位大佐答應了他的請求。過了幾天，吉川果然接到了一封軍令部的任命通知：「命令海軍少尉吉川猛夫編入預備役，即日以軍令部囑託身分，到第三部報到。」同時吉川還被告知月薪為八十五元，將來的提薪待遇準予與同期畢業的軍官相同。就這樣，吉川拿著軍令部的通知書，到軍令部第八科報到。

日本江田島受訓的艦載機駕駛員那時，日本正急於向外擴張，建立世界經濟圈，日本海軍部策劃南進策略。吉川負責整理東南亞各國的基本情況資料，製作南洋海域的兵力地圖，為將來把這些殖民地和半獨立國家劃歸到日本的統治之下作準備。

1940 年 5 月，吉川被叫到山口人事部長的辦公室，一見面，山口大佐便說：「吉川君，準備派你到夏威夷，你看怎麼樣？」面對山口大佐這突如其來的問話，吉川毫無思想準備，更不知道讓他到夏威夷去做什麼，多長時間。但他認為不會有重要事情，無非就是信使之類的差事，去去便回。因此，吉川便很痛快地回答道：「行，我去。」

「那麼，從今年起你就學習有關美國艦船的知識吧……這件事不要對任何人講，甚至對父母、兄弟都不能講……」這

時吉川已經意識到此行非同一般，絕不是一般的信使之類的差事，必定是一項事關重大的工作。但到底會是什麼任務，吉川仍然不知道。

幾天後，吉川再次被山口大佐叫去，見面後，山口聲音很低地對吉川說：「我們派到美國的諜報官已經被捕了，現在對珍珠港的情況不太了解，要你到檀香山總領事館當館員。你的任務就是要摸清那裡的動態。」

此時，吉川經清楚地知道自己此行的身分。他做夢也沒有想到自己會被派到美國做祕密工作，更沒有想到他後來會成為一名出色的間諜。

做諜報工作，對於吉川來說，既無思想準備，又無經驗，但他還是愉快地接受了任務，並決心「大幹一場，取回有價值的情報」。

不擇手段收集情報

1941 年 3 月初，在日本外務省經過半年多外交業務訓練的「森村正」書記生乘船由橫濱啟程前往檀香山。臨行前，日本海軍情報部給「森村正」規定的情報蒐集要點是：不同時期駐泊珍珠港的美軍艦船的類型和數量；部署在夏威夷航空基地的飛機機種和數量；以珍珠港為基地的艦隻動態、防空情況；飛機和航船巡邏情況；艦艇和軍事設施的安全措施等。

竊取「珍珠」

　　吉川於 1941 年 3 月 20 日乘坐「新田丸」號駛離橫濱碼頭，於 27 日到達檀香山。

　　珍珠港，這個被美軍列為軍事禁區的重要的海軍基地，真可謂壁壘森嚴。港灣的四周圍繞著鐵絲柵欄，各個重要地點和路口都有荷槍實彈的哨兵，嚴密注視著周圍的風吹草動。禁區的道路兩旁，隱蔽著警察，在暗中監視著過往行人的一舉一動。在這裡，行人車輛速度稍慢一點，立即就會招來警察的仔細盤查和驅趕。攝影拍照更是絕對禁止。

　　從外圍往裡看，圍繞著港口的鐵絲柵欄、油庫和港內的建築物擋住了視線，在外面很難看到港內的情況。吉川的任務正是要摸清裡面的情況。不管有多大的困難，他決心揭開祕密，搞到東京所需要的情報。

　　不久，他便開始了對珍珠港的調查。

　　當時，除了日本駐該地的總領事外，領事館內沒有任何人知道他的真實身分。「森村正」整日花天酒地，吃喝玩樂，遊山逛水，儼然是一個花花公子。他時而身穿綠色西裝褲和夏威夷衫，頭戴插著羽毛的夏威夷帽，以觀光為名，雇一輛計程車，與年輕美貌的女郎外出兜風，情意綿綿，談笑風生；時而在海邊持竿垂釣，頭上包著一塊毛巾，臉上露出一副百無聊賴的神情；時而整天泡在「春潮樓」裡與日裔藝妓鬼混。然而不論在做什麼，他總是利用一切機會蒐集珍珠

港美艦動向的情報。外出兜風時，他開車從珍珠港附近路過；持竿垂釣時，釣竿大膽地伸到珍珠港哨兵的跟前；在「春潮樓」與日妓調情時，他經常裝作醉醺醺的樣子，躲在窗戶後面，眼睛卻緊盯珍珠港的動靜。就這樣，這個「花花公子」以吃喝玩樂為幌子，平均每四天觀察一次珍珠港內的美艦駐泊情況，日積月累，形成了一份完整的珍珠港美艦駐泊部署變化情報資料。

「春潮樓」是一家位於阿萊瓦高地上的日本酒館。這裡地勢較高，又處在珍珠港的背面，這裡沒有荷槍實彈的哨兵，也沒有埋伏的警察。但他的前面正對著珍珠港，且這裡來來往往的人較多，是觀察珍珠港內艦船活動的理想之地。吉川為了準確掌握港內的情況，「春潮樓」便成了他經常光顧的地方。為了創造經常光顧的理由，吉川開始和這裡的藝妓們鬼混起來，有時還裝成醉鬼的樣子，在這裡過夜，以便觀察港內航船一早一晚的情況。正是在這裡，吉川發現了艦隊出港的時間、編隊的重要情報。一次，吉川留宿「春潮樓」，當他第二天一大早打開二樓的窗戶向珍珠港觀望時，立即被港內的情景驚呆了：龐大的艦隊正在啟航。港外，驅逐艦已經展開陣形，重型巡洋艦和輕型巡洋艦也正在編制序列，有五六艘戰艦正在緩緩駛離港口。此時檀香山的街市正在沉睡之中，但龐大的艦隊已經悄悄地駛離港口。這是一個意外的

竊取「珍珠」

重大發現。由此,吉川判斷,美軍艦隊進出珍珠港的時間大約是在早晨和傍晚。為進一步證實這一判斷,弄清各種艦艇的名稱、數目和調動情況,吉川幾乎每天都要到「春潮樓」進行觀察。

吉川常坐計程車,並和計程車的司機混得很熟。他知道,司機常年在島內開車,跑遍了全島的各個角落,熟悉島內的地形地物,見多識廣,是獲取情報的重要來源。一次,吉川坐計程車出去觀光,在快到珍珠港的時候,吉川看到一個軍港,圓頂的倉庫,龐大的飛機就在眼前。吉川斷定這裡是美軍的一個重要海軍航空兵基地。為了探明實情,吉川裝出一副既好奇,又對軍事知識一無所知的樣子說:「好大的飛機,那就是巨型旅客飛機嗎?」

聽到吉川的問話,司機立刻以他對這裡的情況非常熟悉的樣子向吉川進行解釋。原來這裡就是希卡姆陸軍航空基地。基地內停放著最近剛剛調來的 B-174 引擎大型轟炸機。就這樣,吉川從熱心的計程車司機那裡獲得了有關希卡姆陸軍航空基地位置及該基地飛機型號、戰鬥性能的重要情報。

為了儘快掌握珍珠港內的情況,吉川決定以歐胡島為中心,巡遊各個島嶼。為不引起周圍人們對他的懷疑,白天他總是在總領事館內裝模作樣地做著分配給他的工作,裝出一副老老實實、安分守己的樣子。一到下班或節假日便到外邊

四處轉悠。晚上，則到繁華的街道上尋找有美國水兵的地方，並設法與那些閒逛的士兵接近，與他們一起喝酒閒聊，從他們口中獲取情況。吉川聽說在珍珠港內住著一位日本業餘天文學家。於是，他決定去拜訪他。這位好客的天文學家熱情地接待了他，並滔滔不絕地向吉川講起自己幾十年來天文氣象觀測的成果。對於吉川來說，天文氣象知識並不陌生，他在日本海軍學校學習時，這是必修的一課。但吉川裝出一副洗耳恭聽的樣子希望能從中獲得他有用的東西。果然，這位天文學家告訴吉川：三十年來，夏威夷沒有經歷過一場暴風雨，而且在歐胡島上東西走向的山脈的北面總是陰天，而南面則總是晴天。吉川聽了，如獲至寶，欣喜若狂。這是多麼重要的情報啊！他知道氣象對作戰具有重要的影響，特別是對海空作戰影響更大。如果日本要發動太平洋戰爭，這將是至關重要的情報。他默默地記在心裡。沒過多久，東京果然向吉川提出了蒐集夏威夷氣象情況的指示。吉川毫不猶豫地向東京作了如下回答：「三十年來，夏威夷一向無暴風雨。歐胡島北側經常為陰天。可從北側進入並通過努阿努帕利進行俯衝轟炸。」

　　公開資料是獲取情報的重要途徑。吉川從不放過當天的地方報紙。對報紙上刊登的有關軍事基地建設、船舶的航行、與軍方有聯繫的知名人士的來訪等情況，他都要進行認

竊取「珍珠」

真研究分析。吉川曾在一份報紙的結婚欄內發現了一條關於結婚的消息，說當地某某小姐將於某月某日與戰列艦「西維吉尼亞」號所屬軍官某某於某地舉行結婚典禮。根據這一消息，吉川當天便跑到珍珠港去觀察，果然有一艘軍艦停泊在那裡，吉川斷定這就是報紙上所說的那艘「西維吉尼亞」號戰列艦。

透過反覆觀察。吉川很快便能正確地辨認出所有艦船名稱，熟悉掌握了珍珠港區的地形，並獲得了一些重要情報。吉川開始向東京報告情況。為使吉川準確報告港內美軍艦船、飛機及其他重要軍事目標的方位，日軍把珍珠港劃分為A、B、C、D、E 五個水域：

A 水域：指福特島和海軍工廠地區之間的水域。

B 水域：指靠近福特島南部與西部的水域。

C 水域：指東南灣。

D 水域：指中部海灣。

E 水域：指西海灣及通過各海灣的各航道。

並要求吉川及時提供上述水域艦艇的數量、型號和種類等情報。這是一項艱巨的任務。珍珠港內每天都有進進出出的艦船，隨時都有升降的飛機，要隨時掌握港內艦船飛機的數量、型號、性能和防禦措施並非易事。

不久，吉川終於找到了一次絕好的機會。珍珠港航空隊舉行飛行特技表演，吉川混在航空隊家屬群中進入了機場。

表演中，飛行員那高超的特技動作，使吉川很快判斷出美軍飛行員的戰鬥能力是相當高的。借這次千載難逢的好機會，吉川對惠勒機場進行了仔細的觀察，記下了機場內的機種、數量和機場內部的飛行設施。

1941 年 10 月下旬，在日美關係日趨惡化的情況下，日本海軍司令部負責對美情報工作的第五課，書面向「森村正」提出了九十餘個有關珍珠港駐泊及港口防禦問題，停泊艦船的總數；不同類型的艦船數量和艦名；戰列艦和航空母艦的停泊位置；戰列艦和航空母艦進出港情況；戰列艦從停泊點到港外所需時間；星期幾港內停泊艦艇最多；夏威夷群島的航空基地和常駐兵力；是否有大型飛機在拂曉和黃昏時巡邏；航空母艦出入港時，艦載機是否在港外起飛；珍珠港附近有無阻塞氣球，港口有無防雷網；水兵是否經常上岸；港口附近的油罐是否裝油等等。「森村正」根據幾個月所蒐集積累的大量情報資料，在一夜之間，就對上述問題一一作了答覆。在回答「星期幾港內停泊的艦艇最多」這一問題時，他肯定地寫道：星期日。第二天一早，「森村正」將全部答案交給了日本海軍情報機構。

為了獲取更多、更準確的情報而不被發現，吉川經常變換觀光方式到珍珠港活動。有時坐計程車，從陸地進行偵察；有時乘飛機，從空中俯瞰珍珠港全景；有時又坐旅遊

竊取「珍珠」

艇，從海上進行偵察。他每次到珍珠港觀光，都要帶上「春潮樓」的藝妓。這是因為一則不易引起別人的懷疑；二則即使遇到麻煩或警察盤問，也好作解釋。為了掌握美軍艦艇和飛機夜間或黎明時的行動情況，有時他乾脆露宿在山上，或藏在甘蔗園裡，除了在深夜三四點鐘稍稍睡一會兒，他很少睡過一個完整覺。

隨著時間的推移，東京給吉川下達蒐集情報的電報越來越頻繁，要求蒐集的內容也越來越具體詳細，從這些電報當中，吉川領悟到日美關係已經惡化，日本將向美國開戰，而且進攻的地點很可能是珍珠港。吉川感到自己今後的任務更加艱巨，蒐集情報的活動更加緊迫。他決心在這關鍵時刻一定要振奮精神，盡一切力量為東京蒐集更多、更準確的情報，當好東京的耳目。就在這時，吉川收到東京發來的電報指示：

> 「由於日美關係急趨惡化，請你不規則發來港
> 內停泊艦艇的報告，但要每週兩次，當然，你一定
> 是很謹慎的，但你要特別注意保密。」

既然日美關係已經徹底破裂，美國肯定會對日本駐檀香山領事館進行嚴密的監視。蒐集情報越來越困難，也越來越危險，而且隨時都會被捕。但吉川為使東京在關鍵時刻能夠得到最有效的情報，他決心冒生命危險，加緊活動。於是，他乾脆住進了「春潮樓」，日夜窺視太平洋艦隊的活動。白

天，他利用一切機會到珍珠港、希卡姆、惠勒、卡內奧赫和伊瓦各個機場偵察動靜，晚上，則加班草擬電文並譯成密碼，及時發往東京。

1941 年 10 月 22 日，日本海軍聯合艦隊參加襲擊珍珠港作戰的特混編隊，全部悄然集結在千島群島的擇捉島單冠灣。10 月 26 日，美日談判破裂，日本海軍認為襲擊珍珠港已勢在必行。12 月 2 日，日本海軍情報機構電示「森村正」：

> 「基於目前形勢，及時掌握美海軍戰列艦、航空母艦和巡洋艦在珍珠港的停泊情況是極為重要的，因此，望今後每天將有關情況上報一次。珍珠港上空有無觀測氣球請電告。另外，戰列艦是否裝有防雷網，也望告之。」

「森村正」到夏威夷初期，每週上報一次情況。8 月分之後，改為三天一報。10 月中旬起，改為兩天一報。而按此要求，應一天一報。此後，他每天都要開車到珍珠港附近地區兜風、釣魚，或到可俯視珍珠港的「春潮樓」妓院行樂，夜間則把白天偵察到的有關美艦在珍珠港內的最新動態上報日海軍情報機構。毫無疑問，東京已經把珍珠港當作目標了，他為自己的情報活動感到高興。他開始整理自己的東西，首先將自己費盡心血搞來的有關艦艇活動的情報全部燒掉，將所有能夠證明他間諜身分的東西也全部燒掉。然後，背水一

戰，不惜用生命去搞情報，直到日本向美國開戰前六小時發出最後一封情報為止。

12月6日，在日軍襲擊珍珠港的前一天，整個夏威夷群島十分寧靜，美國太平洋艦隊的艦船靜靜地停泊在珍珠港內外，「猶如塗了一層白奶油的漂亮點心，排列在餐盤似的蔚藍色海面上。」這天上午，當他再次驅車來到珍珠港附近偵察港內美艦變化情況時，突然發現兩艘航空母艦和十艘重型巡洋艦不見了。

二十時，在日軍襲擊珍珠港前十二小時，他以日本駐夏威夷總領事的名義向外務省發出了第254號特急電：「六日珍珠港停泊艦船如下：戰列艦九艘、輕型巡洋艦三艘、潛水領艦三艘、驅逐艦二十七艘。此外，輕巡洋艦四艘、驅逐艦兩艘已入塢。航空母艦和重巡洋艦全部出港，不在港內停泊，未發現艦隊航空部隊進行空中巡邏的跡象。」

夏威夷時間6日二十二時三十分，日軍大本營海軍部立即將有關內容通報給正在接近珍珠港的特混編隊。海軍部在電報結尾寫道：「檀香山市內未實行燈火管制。大本營海軍部確信此舉必勝。」這時，由於連日奔波而倍感疲勞的「森村正」早已進入夢鄉。睡前，他既沒想到剛才發出的電報竟是他在夏威夷期間向東京發出的最後一份電報，也沒想到日美雙方幾小時之後就進入戰爭狀態，更沒想到這份電報對於保

障襲擊珍珠港作戰成功造成了何等重大的作用。

這個書記生從 1941 年 3 月 27 日到夏威夷赴任，至 12 月 6 日，在兩百一十天的時間裡，先後向東京海軍情報機構發出了兩百多份電報，平均每天發回一份電報。12 月 7 日七時五十五分，當他被日本飛機投擲的魚雷和炸彈從酣睡中震醒後，「森村正」才感到半年多來自己工作意義的重大！

實際上，這一切似乎又早在「森村正」的預料之中。就在幾天前向東京發出的電報中，他還這樣寫道：「目前，珍珠港周圍尚無施放阻塞氣球的跡象，而且很難想像他們在實際上會有多少防空阻塞氣球。即使進行這種準備，使用氣球保衛珍珠港也是有限度的。我認為，進行奇襲，成功是十拿九穩的。」

「森村正」在戰前所提供的大量情報，為日軍的襲擊鋪平了道路。

成功脫險

可怕的日子終於到了。1941 年 12 月 7 日，日軍突然向珍珠港發動進攻。幾百架飛機輪番向珍珠港進行轟炸。瞬間，震耳欲聾的爆炸聲響作一團，珍珠港上空濃煙滾滾。僅僅幾分鐘的功夫，美軍的艦艇、飛機及重要的軍事設施，被炸得七零八落。珍珠港美軍基地受到了最慘重的打擊。

竊取「珍珠」

　　八時五十五分，日軍第二突擊波一百七十一架飛機開始
攻擊。此時的吉川，作為東京的派遣間諜，已經出色地完成
了任務。珍珠港戰鬥一開始，他便立即根據東京的指示，焚
燒密碼本，準備撤離，但已經來不及了，日本總領事館的大
門已被美國的便衣警備隊封鎖了。有幾個警備隊員衝進房
間，發現正在冒煙的密碼本，急忙用腳踩滅，想獲得密碼
本，但已經來不及了。警備隊員讓館內所有的人員都舉起手
來進行全身檢查。結果，總領事館的密碼譯電員藏在身上的
兩個密碼本被美國人搜出。原來，這是譯電員根據總領事的
命令一直藏在身上的。這兩本密碼都是高度機密的密碼，吉
川後期獲得的情報都是用這個密碼向東京拍發的，雖然戰爭
已經開始，吉川不需要再用它向東京拍發電報，但對吉川在
軟禁期間的安全帶來了威脅。

　　總領事館內的所有男館員全部被扣留在辦公室內，好幾
名美國警察端著槍站在門口看守，不準走出一步。後來，他
們又被幾次轉移，但都沒有受到美方的審訊。到底要把他
們送往何處？下一步將會怎麼處理他們？誰也搞不清。每
天就是單調乏味的軟禁生活。最後，他們被押到亞利桑那州
塔克松市附近的一個牧場。在這裡，他們開始受到審問。這
時，吉川明白了，原來美軍根據繳獲的密碼本，查核日本總
領事館所發出的電文，發現了戰前頻繁向東京拍發電報的人

就在總領事館內，而且進一步查明，戰前常常到珍珠港轉悠的就是森村正。但他們沒有抓住森村正任何從事間諜活動的證據。美方想透過疲勞的審問，讓森村正承認自己是間諜，或者使周圍的人把森村正的間諜身分揭發出來。但吉川心裡明白，在總領事館內，確切知道他身分的只有總領事喜多一人。另外，喜多有可能向奧田透露一點情況，只要這兩個人不洩祕，不出來揭發，別人是不可能知道情況的。經過分析，吉川決定，至死不承認自己是間諜，幾次審訊，吉川始終堅持「不知道」、「不清楚」，儘管美方知道森村正就是經常到珍珠港轉悠的人，懷疑森村正就是那個向東京提供珍珠港情報的間諜，但因拿不出有力的證據和事實，吉川本人又始終不承認，幾次審訊都沒有達到目的。

這期間，日本政府也在抓緊對吉川的營救工作。日美交戰後，美方立即下令將日本駐檀香山使領館的全部人員驅逐出境。但日本駐美國大使野村以強硬的態度堅持，若不把使領館的人員全部交還，就不開船。另外，美方也考慮到如果繼續扣留森村正，可能會招惹日本的報復——以同樣的手段扣留美國駐日使領館的人員。終於，一代間諜——吉川猛夫被釋放，於 1942 年 8 月 15 日乘坐「格里普斯霍姆」號輪船離開美國回到日本。

珍珠港轟炸在世人看來有許多疑團。但不管怎樣，日本

竊取「珍珠」

人的空襲是經典戰例，而其中的諜報工作是日本能成功殲滅珍珠港美軍戰艦的前提保證。

日本女諜命喪上海

日本女諜命喪上海

生於中國上海

　　南造雲子出生在一個僑居上海的日本家庭。父親名叫南造次郎，是一個老牌間諜，參加過頭山滿的「黑龍會」，對「欲占領中國，必先征服東北」的理論深信不疑。在日俄戰爭時期，南造次郎入伍，在中國東北服役，負責探聽俄軍情報。日俄戰爭結束後，日本將中國列為徹底蠶食的目標，南造次郎響應此號召，以教師為名長期居留上海。南造次郎能講一口流利的東北話和上海話，是個名副其實的中國通，公開的身分是正金日文補習學校的教師，實際的工作則負責蒐集中國上海地區的政治、經濟和軍事情報。他經常利用假期旅遊的機會，到淞滬一帶廣泛探聽軍情，描繪地圖。地圖的詳細度，連某村內有多少口水井，可供多少人飲用，鄉村間的岔道如何走向等，都一一標記在其中。

　　老間諜生出的孩子也很有間諜天賦。南造雲子於 1909 年出生在上海，家住上海虹口橫濱路，自幼在中國上學。她深受父親南造次郎的思想薰陶，瞧不起中國人，總認為大和民族是世界上最優秀的民族。小時候的南造雲子就顯露出了語言和表演天賦，這使其父親更堅定了將南造雲子培養成日本新一代王牌間諜的決心。1922 年，南造雲子被送回日本，師從日本二戰頭號間諜、日軍在華特務總頭子土肥原賢二，接受系統的間諜訓練。在神戶特務學校中，南造雲子除了學習

間諜的普通技巧和文化、外語等課程（漢語、英語）外，還學習射擊、爆破、化裝、投毒等專門技術。

1926 年，年僅十七歲的南造雲子就被派到中國大連，開始從事對中國的間諜活動。1929 年，南造雲子又從大連調回到南京，化名廖雅權，以失學青年學生身分為掩護，打入國民黨國防部的招待所 —— 湯山鎮溫泉招待所做招待員，並以此身分為掩護，逐漸接近國民黨高官要員，開始謀劃建立自己的情報網絡。

輕易獵取淞滬情報

湯山鎮隸屬江寧縣，位於南京中山門外。湯山地形層巒起伏，溫泉眾多，是國民黨要員的避暑療養地。溫泉招待所是當時國民黨國防部出資建造的，國民黨軍事將領及高級官員常在這裡舉行祕密軍事會議。日本特務機關早就盯上了湯山，派南造雲子打入溫泉招待所就是為了竊取軍事情報。此時的「女學生廖雅權」長得嬌俏動人，能歌善舞，很有交際手腕。她在進入招待所做招待員之後，即利用美色勾引國民黨軍官，這些剛在圍剿蘇區戰鬥中落魄而歸的大員們紛紛拜倒在「廖雅權」的石榴裙下。不用太費勁，南造雲子就建立了自己的情報收集網路。

在得到的頭幾份軍事情報中，其中一份是吳淞口要塞司令部向國防部作的擴建炮臺軍事設施的報告，裡面有炮臺的

位置、火炮門類、口徑設置、炮臺和彈藥庫、聯絡線、觀測點的分布情況、祕密道地的部署、七十餘座明碉暗堡的分布情況等重要軍事機密。而南造雲子獲得此情報的途徑，竟然是以「我親戚家在吳淞口有地產，想知道炮臺擴建要徵什麼地」為名，從一個被她勾引的國民黨軍官手中套取的。

吳淞口是上海的北大門，也是長江口的第一個屏障。南造雲子把這份重要文件弄走以後，日本軍部如獲至寶。在向上海進攻時，日本海軍艦隊集中火力轟擊吳淞口要塞，由於獲得了吳淞口的全部布防圖，準確的炮火摧毀了要塞的數十門德國造遠程要塞炮，連在建設中尚未完工的炮位，也被準確的炮擊打成漏勺；而同時，國軍專門搭建的作為假目標的偽裝炮位，日軍卻熟視無睹。在日軍陸上部隊進攻時，日軍艦艇也完全壓制住了岸上守備部隊的火力點，使固若金湯的江陰要塞輕易被日軍攻占。

在淞滬會戰中，南造雲子與她的同夥還致力於收集華東地區國民黨軍隊防務部署的各種情報，搞到了大量國軍的調動情況。僅偷拍國軍軍事設施、軍港、兵站、機場的照片就有千餘張，這些情報都源源不斷地送到了上海虹口的特務機關，為日本軍部在侵華戰爭中提供了重要幫助。日軍間諜卓著成效的工作，使淞滬會戰成為一場情報單向透明的戰役，中國軍隊雖然數量眾多，但在日軍的海空優勢和情報優勢下最終敗下陣來。

竊取國軍高級機密

在溫泉招待所的諜報網布設完畢後，南造雲子又回到上海活動了一段時間。1937 年 7 月中旬，淞滬會戰爆發前，南造雲子化裝成中國銀行的職員，帶了兩名助手，混在滬寧列車的難民群中潛入南京，四處活動。她很快利用起舊日的關係，和國民黨行政院主任祕書黃浚、外交部的副科長黃晟（黃浚之子）搭上了關係，引發了當時震驚全國的一起間諜案：封鎖長江計劃洩祕案。

黃浚，字秋岳，福建省候官人，早年留學日本早稻田大學，與日本南京總領事須磨彌吉郎是同班同學。黃浚從日本回國後，長期在北洋政府中任職，與北洋政府中的許多要人及前清遺老遺少多有交往。他寫了《花隨人聖庵摭憶》，記述了一些晚清和民國初年的人物史實與掌故，在當時的文學圈中有不少追捧者，頗受讀者歡迎，黃浚也因此出了名。北洋政府垮臺後，小資作家兼白領黃浚先生又到南京尋求發展。好在國民政府不計前嫌，向舊北洋政府官員敞開就業管道。黃浚進入國府後，得到國民政府主席林森的賞識，進入行政院擔任要職。因他有點才華，又善於溜鬚拍馬，進而又得到了蔣介石、汪精衛等人的賞識，不斷得到提拔。東窗事發時，黃浚官至行政院機要祕書，為簡任級，其地位相當於國府副祕書長。

日本女諜命喪上海

　　按照古人的評價方式，黃浚此人「雖有文才，卻少德行，生活淫靡，揮霍無度」。他在南京和上海都有公館，經常往來二地，過著紙醉金迷的生活。在溫泉招待所時，他與南造雲子也認識，但未提供什麼情報。黃浚的揮霍需要大量金錢，但此時號召「新生活運動」的南京政府官員薪水不甚豐厚。早在南造雲子之前，日本駐南京總領事須麼彌吉郎就以金錢為誘惑，開始了逐步拉黃浚「下水」的工程。在南造雲子的美色誘惑下，黃浚迅速投降，在重金和美色之下迅速墮落成一名日本間諜。黃浚利用自己的職務之便，竊取了大量高級軍政機密，提供給日本間諜機關，同時還把自己的兒子黃晟拉下了水。

　　黃晟又名黃紀良，當時剛從日本留學回國，在外交部擔任副科長。黃浚又用重金收買了國民政府中一些失意的親日派高級軍政人員，其中包括參謀總部的高參、海軍部的高級軍官和軍政處祕書等級別的人物，這樣就組成了一個以黃浚為小頭目的間諜集團。

　　作為國民政府的首都，蔣介石也在南京布設了軍統組成的龐大的特務體系。在重重監視下，黃浚和潛伏在南京的日本特務主要有兩種聯繫方法：一是黃浚裝作去玄武湖公園散步，用巧克力糖紙將情報包好，藏在一棵偏僻的大樹洞裡，再由日本特務取走。二是黃浚定期到南京新街口鬧市區一家

外國人開辦的「國際咖啡館」裡喝咖啡，將情報藏在自己的深灰色呢帽中，掛在一個固定的地方。這時就會有一名日本間諜來咖啡館，用同樣顏色的呢帽，把他的呢帽取走。日本方面有什麼指示，也放在這頂呢帽中傳給黃浚。日本間諜將情報取走後，先送到中山東路逸仙橋南一家「私人醫院」，這是一處日本人的諜報機關，然後再送到南造雲子手中進行分析整理。後來黃浚怕出事，不再親自送情報，改派他的司機王某用同樣的辦法去送。

1937 年 7 月 28 日，蔣介石召開最高國防會議，商討封鎖長江江面，一舉圍殲日本在長江內的艦船和陸戰隊的計劃。此計劃如能施行，一方面可以阻止日軍沿長江進犯中上游，另一方面可將長江中上游九江、武漢、宜昌、重慶一帶的七十艘日軍艦艇和六千多名海軍陸戰隊員圍而殲之。會議屬高層機密，由侍從室祕書陳布雷和行政院主任祕書黃浚擔任記錄。黃浚在會上聽了蔣介石的這一軍事機密，猶如看到了大筆的日元又進到自己的腰包，一時兩眼放光。會後，他立即將這個絕密軍事情報密報南造雲子。南造雲子聞後驚出一身冷汗，看情勢緊急，倘若經原定慣例先與上級機關接頭已來不及了，就索性火速將情報交給日本大使館武官中村少將，由他直接用密電報告東京。

1937 年 8 月 6 日的這一天，日軍駐武漢總領事和在長江

日本女諜命喪上海

駐屯的日軍海軍將領正在武漢出席宴會，席間領事突然接到這份密報，閱後神色大變。在傳閱電文後，所有日本海軍軍官匆忙退席，宴會主辦方驚詫不已。日軍軍官返回後，隨即下令所有軍艦立即做好出航準備。此後數天內在長江中上游的日本軍艦和商船，全部飛速順水而下，逃跑似地衝過江陰撤往長江口，所有日本僑民也都隨船撤離。事後人們發現，因撤退匆忙，許多日本海軍軍官和僑民把貴重物品都丟棄在家中，甚至有的人已經把飯菜擺好，來不及吃就撤離了。

與此同時，一份「計劃洩祕，封鎖長江口方案失敗」的報告被送到南京國民政府國防部，引起了蔣介石的勃然大怒。在兩週前，蔣介石在南京中山陵孝廬主持最高國防會議，決定採用「以快制快」、「制勝機先」的對策，利用日本駐屯上海集團尚未做好開戰準備、華北和華東行動尚未統一的機會，搶在日軍大部隊向長江流域發動大規模進攻之前，選定長江中下游江面最狹窄的江陰水域，在江中沉船堵塞航道，再利用海軍艦艇和兩岸炮火封鎖江面，全殲在長江游弋的日軍艦隊。

這次祕密會議屬高層機密，誰料到竟然會走漏風聲，讓甕中之鱉輕易逃脫。在這次大逃亡中，日軍共有七十艘艦艇（其中包括旗艦八重山號裝甲巡洋艦，共計驅逐艦以上的大型艦艇十六艘）成功撤退到長江口，甚至日本籍民船也撤

退一空。等到淞滬會戰爆發，中國海軍在長江扣押日本商船時，僅捕獲到兩艘因輪機故障未能出航的舊商船。

雖然長江中的日軍艦艇只占日本聯合艦隊噸位的一個零頭，但卻集中了日本海軍幾乎所有適合江河內水作戰的淺吃水艦艇，這對後續入侵中國的作戰行動非常重要。情報上的洩祕，使國軍的圍殲計劃落空。

同時日本從本土增派軍艦，到八一三事變爆發時，日軍在長江口已集結包括三十一艘大型戰艦在內的一百餘艘艦艇，從內地撤出的海軍陸戰隊也參加了隨後的上海戰鬥、杭州灣登陸等行動。

不過有得必有失。南造雲子在事件中及時送出了情報，使日軍搶占了戰役的先機，但她啟用緊急情報通道，引起了國軍情報組織的注意；而長江計劃的洩祕，也使當局大為震怒，決心清查此事，一場除奸之戰在南京城內悄然打響。但到此時為止，這個狂妄的日本女間諜不但毫不收斂，反而啟動了更為大膽的行動計劃。

刺殺蔣介石

抗戰初期，日軍為了徹底制服蔣介石與國民政府，曾命令潛伏在華的日本間諜把暗殺的矛頭指向蔣介石和國民政府的親英美派官員。南造雲子將刺殺蔣介石的任務下派到黃浚

處，讓他組織人員和情報，對蔣介石的活動進行監視，從中尋找下手的機會。

當時，蔣介石兼任中央軍校校長，常住在校內的「校長官邸」中，還經常主持中央軍校的「總理紀念週」活動，對師生發表精神訓話。抗戰爆發前夕的一天，蔣介石突然指示中央軍校舉行一次「擴大總理紀念週」活動，除中央軍校全體師生外，還要陸軍大學全體師生和中央各部長官參加，他將做重要演講。

開會這天，南京各處都加強了警戒，從中山中路到中央軍校所在的黃埔路，更是三步一崗，五步一哨。軍校內部也有大批便衣特務人員巡查。進校的轎車都由在學校門口執勤的憲兵登記車號和乘員。正當與會人員列隊整齊靜候蔣介石出來講話的時候，總值日官突然向大家宣布：有兩名可疑分子混入軍校，正在進行搜查。原來，國民黨特務得到情報，兩名日本間諜乘坐轎車混入軍校，刺探情報併圖謀殺害蔣介石或其他軍政人員，被發現後，立即乘車逃跑了。事後也未抓到這兩個人，僅僅記下了轎車的型號，此行刺事件一時成了懸案。

幾次洩祕或暗殺未遂事件，雖引起了國民黨當局的注意，但未想到此事與高層臥底有關，軍統在調查事件過程中，牽涉到高級官員，就自覺放棄查辦。不久，淞滬會戰全

面爆發，由於國軍指揮上的失誤，上海形勢日益緊張。由於上海與南京近在咫尺，蔣介石對上海的局勢非常關心，幾次準備親臨上海前線，視察和指揮作戰。因為寧滬之間的鐵路和公路都受到了日軍飛機的嚴密封鎖，在密集的轟炸中行走很不安全，因此蔣介石一直未能成行。8 月 25 日，在蔣介石召集的最高軍事會議上，新任副總參謀長白崇禧向蔣介石建議，次日英國駐華大使許閣森要從南京去上海會見日本駐華大使，可以搭乘他的汽車去。當時英國還是一個中立國，大使汽車前面插有英國國旗，車身也有顯著的英國標誌，應該不會被日軍轟炸。蔣介石對此表示同意，並著手安排去上海視察事宜，殊不知黃浚也參加了這個會議，會後，黃浚立即向南造雲子傳遞了這一情報。

　　但第二天，蔣介石有急事纏身，臨時中止了上海之行。結果，英國大使的汽車在嘉定地區滬寧公路上遭到兩架日軍飛機的輪番追逐掃射，汽車被打翻，許閣森在爆炸中背骨折損，肝部中彈，生命垂危，隨行人員慌忙為許閣森大使草草包紮止血抬到附近車上，送到滬西宏恩醫院搶救。當天中午，蔣介石接到「英國大使汽車遇到襲擊」的情報，大為震驚。當天下午，上海市市長派祕書前往醫院探望英國大使，一個半小時後，市長親自赴醫院探望，代表蔣介石向英國大使慰問。次日，《申報》頭版以大號出題黑字報導：「日機以

機槍掃射，英國大使許閣森重傷」，中央社隨即轉發消息。上海各界抗敵後援會等群眾團體，紛紛派人慰問許大使，聲討日寇罪行，消息在英國傳開後，也是舉國譁然。英國外交部發布公告：「英國政府業已照會中日兩國，凡英人生命財產因受戰事而損失，當由中日雙方負責，今大使坐車遠離交戰區域，又懸有英國國旗，尤難容忍，待調查核實之後，將採取一定之行動。」西方諸國輿論則一致譴責日軍暴行。

日方最初百般抵賴，妄圖嫁禍於中國。當天晚上九時，東京兩家無線電臺的英語廣播說，襲擊英國大使坐車的是中國空軍。但在當時，中國空軍在淞滬已消耗得差不多了，而且日機的抵近精確掃射，當時中國空軍飛行員也難做到，而且當事人均有倖存，能夠目睹襲擊飛機上的日軍標誌。上海當地出版的英文報紙《宇林西報》仗義還擊：「所幸受狙擊之人都還活著，均親眼目睹是日機行兇，若車毀人亡，則中方雖有百口，亦難自辯矣！」

在外交官司打得熱鬧之時，蔣介石則已把警覺的目光投到連續幾次高級軍事會議的洩祕上了。這次幾乎危急到他本人生命的洩祕案，使蔣介石感受到了抓出臥底的迫切性。在許閣森大使遇刺受傷的當晚，氣憤異常的蔣介石緊急召集軍統局長戴笠，中統頭目徐恩曾、憲兵司令部兼南京警備司令谷正倫等人開會，蔣先訓斥了他們一頓，之後嚴令他們立即

破案。這時,蔣介石顯然已經意識到有日本間諜打入了中樞部門,因此,他密令谷正倫祕密調查內部,限期破案。

谷正倫立即召集有關人員組成破案小組,開始施展軍統的第一招:化裝潛入。由「外事組」特務打扮成的各色人等混跡於日本駐南京使館周圍,對進出人員跟蹤偵察,此外,破案小組分析,上述幾次洩祕案,均是最高軍事會議的內容,參加會議的除幾位高級軍政人員外,只有陳布雷和黃浚擔任記錄。陳布雷與蔣介石是多年同鄉兼舊交,而黃浚平時生活放蕩,與日本人素有來往,明顯的疑點引起了調查人員的注意,被列為重點嫌疑對象。不久,憲兵又查清「中央軍校刺殺案」中,兩個刺客所乘坐的正是黃浚家的轎車。案情逐漸清晰,為擴大戰果,谷正倫又派員策反了黃浚家的女僕蓮花,令他監視黃浚的行動想透過黃浚作為蛇頭,將間諜集團一網打盡。

在9月的一天,女僕密報,黃浚的司機從外邊回來後,徑直去找黃浚,黃浚把一頂禮帽交給了他。谷正倫立即命令特務盯梢司機。司機在特務的監視下毫不知覺,按慣例走進了「國際咖啡館」,把那頂禮帽掛在牆邊的衣帽鉤上,然後坐到一張桌子邊喝咖啡。特務注意到衣帽鉤上已經掛著一頂與司機式樣和顏色相同的禮帽。不一會兒,一名喝咖啡的日本人離座走到衣帽鉤前,伸手取下黃浚的禮帽戴在頭上,走

出門去。此人就是日本大使館管理員小河。

　　特務在悉知黃浚傳遞情報的流程後開始採取行動。一天之後，小河頭戴禮帽，騎自行車去咖啡館，途中突然被一個騎車者猛地撞倒在地，摔得頭破血流，禮帽也飛落一邊。幾個「好心」的過路人及時出現，有的將「肇事者」扭送警察局，有的攔下一輛汽車，把小河塞進車子送往醫院搶救。特務撿起禮帽檢查，發現內藏日本大使須磨彌吉郎給黃浚的指令。由於指令沒有任何暗號和加密，特務放棄了拷打策反小河的計劃，直接草擬了一份假信塞入禮帽，內容為須磨彌吉郎指示黃浚：明晚深夜十一點，聚集間諜集團所有成員去黃浚家，由須磨彌吉郎親自頒發獎金。

　　特務飛車趕往咖啡館，見已有一頂相同顏色的禮帽掛在衣帽鉤上，就伸手換了一頂退出門外。回去一看，帽中果然有黃浚向須磨彌吉郎提供的情報。谷正倫得到消息後火速報告蔣介石，蔣介石立即下達次日夜間行動，祕密逮捕黃浚間諜集團的手諭。

　　第二天入夜，特務人員按照既定方案進入預定位置，深夜十一點時，線人蓮花在樓上用手電筒向特務發出信號，表示黃浚一夥已全部到齊，聚集在樓上。一會兒，一個裝扮成郵差的特務以送交快件為名，敲開大門，眾多特務突然蜂擁而入，直撲樓上小客廳，黃浚一夥遂全部歸案。緊接著，特

務立即對這夥人進行訊問，在訊問工具的「良好效果」配合下，黃浚等人迅速交代。在掌握了確切的證據後，特務於當日凌晨就逮捕了「帝國之花」南造雲子。

被軍統暗殺

審訊中，黃浚對罪行供認不諱，最後經軍事法庭審判，以賣國罪判處黃浚父子死刑，公開處決；判處南造雲子無期徒刑，其他成員皆判有期徒刑若干年。

軍統祕密情報站本來要按照國際慣例，戰時抓到敵方間諜可直接處死，但南京當局為牽制日軍，也想從南造雲子口中套出更多的情報，因此未判處南造雲子死刑。在黃浚父子被處決後，南造雲子被關押在南京老虎橋中央監獄。幾個月後，日軍攻占南京，國民政府慌亂之中未來得及轉移監獄中的犯人。此時南造雲子憑藉過去的一套手腕，以色相誘惑看守，加上日軍的武力威脅．在打通關節後，南造雲子竟然逃出了監獄。因身分已經暴露，國統區她是不敢去了，就潛往上海繼續進行間諜活動。

太平洋戰爭爆發後，南造雲子在上海日軍特務機關任特一課課長，對在上海潛伏的國民黨特務、地下黨進行搜捕。多年的間諜工作和長期與國民政府情報系統打交道的經歷，使南造雲子對國軍的情報系統工作方式異常熟悉，成為上海

灘中統和軍統的大患。南造雲子行事跋扈，進入英、法租界抓捕過大批抗日志士，從 1938 ～ 1942 年，摧毀了十幾個國民黨軍統留下的聯絡點，誘捕了幾十名軍統特務，包括軍統情報高手萬里浪等人均栽在她的手下，丁默村、李士群等人被南造雲子策反而成為自己的爪牙，以李士群等為首的汪偽特務總部，就是她一手扶植起來的。由於南造雲子在上海橫行，軍統特務對她恨之入骨，多次策劃將她捉拿回重慶的行動，但都因南造雲子太狡猾而未能得手。最後特務取消了捉拿她歸案的計劃，決定用暗殺方式直接清除這一軍統的心腹大患。

1942 年 4 月的一個晚上，南造雲子單獨駕車外出活動，她因屢次行動成功而產生了輕敵的情緒，認為國民黨特務不是帝國間諜的對手，因此車上僅她一人，未加防備。但這次卻被軍統特務發現，迅即祕密跟蹤，終於在法租界霞飛路的百樂門咖啡廳附近牢牢鎖住了目標。當身穿中式旗袍的南造雲子下車走向大門之際，三名軍統特務手槍齊發，南造雲子身中三彈，當即癱倒在臺階上。行動得手後，特務隨即上車，頃刻便不見蹤影。南造雲子在被日本憲兵送往醫院途中死去，時年三十三歲，這朵「帝國之花」就這樣得到了罪有應得的下場。

南造雲子從 1926 年出道開始，在中國進行間諜活動長

達十六年，其中她在南京和上海的活動是其諜報生涯的黃金期。南造雲子利用姿色和巧妙的交際手腕，在國民政府心臟布設了龐大的間諜網，其眼線的最高官職之高，在二戰交戰各國中也是罕見的，而獲得的情報更是具有重大意義。抗戰初期的幾次重大會戰，如盧溝橋事變，上海保衛戰和長江攻防戰，無不有南造雲子情報的影子。無怪乎當時國軍一些重要將領的回憶錄是這樣評價淞滬會戰的：「這是一場國軍主動進攻，意在圍殲全部日軍的戰鬥……但由於一個女間諜，一切都被破壞了。」

實際上，南造雲子的諜報網雖然獲得了重要的軍事情報，但在行動中也欠老練。在西方國家中，對間諜網的使用是非常謹慎的，在英國，有時候為了高級間諜本身的安全，即使送回的情報準確且非常有用，在策略動向上，英軍仍不敢明顯暴露出已掌握對方機密的跡象，甚至配合德軍的計謀做一些假動作。而對於投誠己方的雙面間諜，一般情況下均讓其向德軍發送真實情報（當然是一些不是特別重要，或是確知在其他地方德國人已經獲知的情報），只有在最後關頭，這些雙面間諜才開始發送假情報。

南造雲子苦心營造的黃浚間諜系統，包含國府高官數人，下線情報員十多名，竟然數次被用來執行暗殺蔣介石等危險且價值不高的使命，而最後一次未遂的暗殺直接導致了

情報網的漏洞，從而造成南造雲子間諜網的崩潰，這反映了當時日本對國民政府諜報工作上的狂妄自大。在退居上海後，南造雲子的跋扈之氣不改，即使在明知敵方特務有潛伏的地帶，仍單人不加偽裝地外出執行任務。跋扈的性格最後葬送了南造雲子的間諜網，也葬送了她自己的生命。如果南造雲子和其黃浚間諜網不倒臺，那麼在國民政府從南京退守武漢、重慶時，黃浚很可能仍舊身居國民政府高位，那麼在抗戰期間，她所能獲知的高級機密就更多、更致命，對中國人民的危害也就更大。實際上南造雲子和整個日本軍界對中國都存在著這樣的狂妄心態，這也是日本最終失敗的重要因素。

重獲新生的間諜

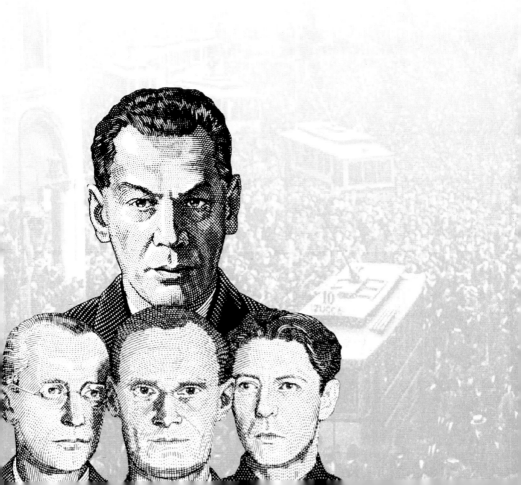

重獲新生的間諜

空降英國

英國皇家海軍的軍港武爾夫・施密特，又名漢斯・漢森，德國和丹麥混血兒。假如沒有二戰的爆發，他也許會是一個風流浪子，整天招蜂引蝶。不過歷史卻給了他一個獨特的位置，讓他成為了歷史上最著名的雙重間諜之一，用一種多數人無法企及的方式遊戲人生。

1940 年 9 月 19 日夜晚，德國王牌飛行員加頓費爾德少校駕駛著一架 Bf 110 戰鬥機，滑過德國漢堡郊外一個軍用機場的跑道，輕柔地消失在夜空中。

Bf 110 戰鬥機在德國空軍當中的表現相當平庸。這種三座單翼重型戰鬥機，機體龐大，動作笨拙，容易被發現和擊落，甚至在不列顛之戰後期，要 Bf 109 戰鬥機護航才能出動。只是後來在抗擊英軍對德國進行策略轟炸中，夜間攔截英軍轟炸機倒是戰果斐然。一般的王牌飛行員都不太喜歡這種笨重的戰鬥機。

不過加頓費爾德少校這次的任務不是去格鬥，更不是去投擲炸彈。他此行要把一名特殊人物扔到大不列顛的土地上。這個人此時就坐在他後面槍炮官的位置上，他的名字叫武爾夫・施密特。

武爾夫・施密特的父親是德國人，母親是丹麥人。這種跨國婚姻在歐洲相當普遍，因此歐洲人能說多國語言的不在

少數。武爾夫‧施密特出生在一戰爆發前的德國，但是 1914 年就隨母親回到了丹麥，躲過了戰火。到 1930 年代，武爾夫‧施密特已經成長為一位標準的北歐帥哥，比納粹高層的多數人都更符合所謂「優秀雅利安人」的標準。二次大戰前的歐洲，還沒有完全從 1929 ～ 1933 年巨大經濟危機的陰影中走出來。在鬱悶、沉重的空氣下，納粹黨人充滿偏執和衝動的言論對血氣方剛的年輕人們具有巨大的煽動性。武爾夫‧施密特也不例外，他讀希特勒所著《我的奮鬥》竟然讀到如醉如痴。雖然自己是丹麥國籍，但他決心為父親的祖國 —— 德國奮鬥，並且在丹麥加入了納粹黨。按道理說，武爾夫‧施密特這位呂貝克大學法律系的畢業生應該有個理性的腦袋，然而他天生就是個冒險家，間諜工作對他來說也許是致命誘惑。因此，當德國情報局找到他，希望他為德國做間諜的時候，武爾夫‧施密特想都沒想就答應了。

為了當間諜，武爾夫‧施密特用過無數的化名，比如前面提到的漢斯‧漢森。為此，戰後打算研究他、報導他的作家和記者走了無數的彎路。到現在也沒人能統計出他到底化名過多少次。

敦克爾克戰役結束後，納粹德國開始考慮進攻英國的問題。但是由於英國人反間諜機關當機立斷，剷除了所有英國境內的德國間諜網，德國人失去了獲得英國情報的主要來源。沒有情報是不能打仗的。

重獲新生的間諜

在英國嚴密的國土防空體系面前，德國人完全沒辦法開展對英國本土的航空偵察，而且作為一個完整的情報體系來說，技術偵察和人力情報是相輔相成、缺一不可的。技術偵察包括航空照相、無線電監聽等等，人力情報就是派遣特務，用竊取、收買、現場觀看等手段獲得情報。沒有人力情報的支持，就不可能知道對方的完整情況，例如敵方軍隊的士氣如何、社會秩序如何等等，用技術偵察就不大靈光。因此，德國情報局漢堡站受命重建駐英國情報網。

其實這是一個「不可能的任務」。首先，派遣特務很難正常踏上英國的土地。在和平時期，可以用記者、外交官、訪問學者或者移民的方式向一個國家派遣長期駐紮的間諜，但是在戰爭時期，這些人都受到反間諜機關的嚴密控制。如果德國要派遣一名特務以第三國人士的身分進入英國，還要經過一個比較長的活動週期。至於移民就更不可能了，誰會冒著危險移民到戰雲密布、物資匱乏的英國去呢？在這個時候提出移民，一定有不可告人的目的。況且英國是個相對穩定的社會，外來人士要溶入英國社會需要相當長的時間。也就是說，透過常規方式，沒有幾年的週期，是不可能把間諜派到英國去的。

相比之下，德國情報局對美國的間諜派遣就容易得多，美國本身就是個移民社會。不管一個人原籍如何、口音如何、種族如何，在美國都不會引起旁人驚詫，而且美國遠離

戰區，戰爭時期的移民申請如雪片一般飛來。德國情報局很容易建立了在美國的情報網，而且頗有收穫。

德國情報局漢堡站為了向英國派遣特務，無奈之下只好使出了最笨的辦法：讓特務偷渡或者空降英國。漢堡站對這種方法多少還有點信心，因為他們手裡還掌握著一個沒有被英國人發現的潛伏間諜 —— 約尼。因此，漢堡站每次派遣特務的前後，都要通知約尼設法安置。然而約尼早就朝英國人投誠了，德國情報局最終栽在了這個約尼手裡。

但漢堡站卻不知道約尼的叛變，武爾夫·施密特更不知道了。此刻的他正在興致勃勃地接受間諜訓練，例如使用電臺、跳傘等等。然而最重要的一件事情，他卻沒有機會解決。武爾夫·施密特能夠讀寫英文，也能說一點。可是他的英語發音充滿了德語味道。如果把他放到美國去，或許不會有什麼問題，因為每天都有一大群人操著蹩腳的英語踏上美洲大陸。但只要把他放到英國人當中冒充英國人，馬上就會露餡。武爾夫·施密特本人和漢堡站到底是都沒有想到這個問題，還是打算碰碰運氣，我們就不得而知了。武爾夫·施密特還為自己取了個英國名字叫哈利·強森。

訓練結束後，武爾夫·施密特得到了上司的高度評價：「……思想上已經充分武裝起來，精力旺盛，受過第一流的教育，有教養，舉止優雅……」

年輕的小特務要被放飛了。

重獲新生的間諜

變成雙面間諜

9月下旬的英國正是秋天，燦爛的紅葉黃葉煞是好看，不過夜空中的武爾夫·施密特看不到這些景色，況且即使看到了他也無心去欣賞，加頓費爾德少校把他扔在漆黑的夜色裡就匆匆返航了，這裡是劍橋郡和哈德福郡的交界處，距離倫敦還有幾十公里。不過武爾夫·施密特驚恐地發現，自己的下方正是一個機場，跑道盡頭全是高射炮，加頓費爾德少校居然把自己扔到英國人的槍口上了！

好在秋夜的風幫了武爾夫·施密特的忙，他很快飄離了高射炮群。不過在落地的時候，武爾夫·施密特卻掛在了一棵樹上。他摸黑跳到地上，把腳踝扭傷了。

其實，空投的德國特務們經常忘記一件事情：英國在德國的南面，倫敦在9月的平均氣溫是攝氏十九度，而漢堡只有攝氏十三點五度。況且當年的戰鬥機座艙都不是密封的，飛行員必須穿夠禦寒衣物才能挨過高空中的寒冷。這樣的結局就是，武爾夫·施密特和他的不少同夥全都是穿著厚實的冬衣降落到英國溫暖的秋夜裡，被英國民眾輕易識破。

不過武爾夫·施密特不是因為這個被識破的，他在落地以後並沒有被當場捉住，而且還有時間從容地把降落傘和電臺藏好，一瘸一拐地找到附近的村莊，在村邊的樹叢裡睡了一夜。

　　第二天早上，養好精神的武爾夫‧施密特決定踏上征途。他鎮定自若地進了村子，買了塊新手錶、一份報紙，還買了份早餐，決定乘火車前往倫敦。不過這個時候他的腳踝疼得越來越厲害。為了緩解一下，他找到村子裡的抽水機，打算用冷水沖沖腳。沒想到這麼一停留，居然引起了一個英國國民軍巡邏兵的懷疑。這位英國「民兵同志」立刻端起自己那支老式的李‧恩菲爾德步槍對準了丹麥帥男，要他把證件拿出來。當他把證件拿出來的時候，武爾夫‧施密特露餡了。

　　在這裡我們遇到了一個很令人困惑的問題，德國人素來以能工巧匠著稱，然而德國情報局為特務們製作的假證件卻相當拙劣，即使是非專業人士也能輕易看出是偽造的。我們已經無從查證德國情報局怎麼會讓這種事情發生，也許真相已經湮沒在歷史的塵埃中了。

　　這位英國國民軍發現武爾夫‧施密特的證件有問題，略一交談就更不對勁。武爾夫‧施密特的德國口音太明顯了，無論怎麼掩飾都不管用。就這樣，武爾夫‧施密特只好被押解著朝劍橋警察局走去，恐怕是凶多吉少。看來，「陷敵於人民戰爭的汪洋大海之中」無論在東方還是西方都是克敵制勝的利器。

　　英國祕密情報局總部大樓眼看武爾夫‧施密特被國民軍

重獲新生的間諜

捉住，一直跟在他身後的軍情五處特務開始著急了。間諜一旦被交到警察系統處置，消息就會立刻傳到報界耳朵裡，第二天的頭條新聞就會是「英勇的劍橋郡軍民抓獲一名德國間諜」，等等。這樣，軍情五處就不可能再對他加以利用，只能處死或者長期關押。於是，兩位軍情五處的特務把他及時「救」了下來。關於這個過程，史書上有兩種說法。一種說法是，軍情五處的特務在押解途中就把武爾夫·施密特截下；另一種說法是，武爾夫·施密特是在警察局裡被軍情五處帶走的。無論如何，武爾夫·施密特被塞進了專門抓間諜用的黑色廂式車，朝倫敦開去。因為兩位特務一開始用德語和武爾夫·施密特交談，他還以為是同夥來搭救自己。待發現自己已經被捕時，武爾夫·施密特吃驚不小。不過他還不死心，打算用「丹麥逃亡者」這個身分來矇混過關。

軍情五處是怎麼盯上武爾夫·施密特的呢？這要歸功於約尼。武爾夫·施密特之前，另一名納粹特務卡羅利也空降到了英國，德國情報局要求約尼設法安置卡羅利。然而由於約尼的投誠，前去「安置」卡羅利的人是軍情五處的特務！卡羅利被捕後，為了免遭死刑，同意和英國人合作，供出了武爾夫·施密特即將空降英國的消息。軍情五處要求卡羅利向德國情報局報告自己平安到達。卡羅利照辦以後得到漢堡站的回電，說 3725 號間諜，也就是武爾夫·施密特，將於

數天後到達，還告訴了他具體的降落位置和時間。這樣，武爾夫・施密特還沒「起飛」就注定要做英國人的階下之囚。至於加頓費爾德少校能夠多次安全出入英國領空，也是英國人有意放進來又放出去的，並非他技術好或者運氣好。在戰爭期間，加頓費爾德少校向英國空投了幾十名特務和不少物資，當了好幾年的「運輸大隊長」。

軍情五處從之前捕獲的特務那裡了解到，德國情報局在特務出發前都會告訴他們，英國在德國不間斷的空襲打擊之下已經是一片混亂，他們會看到老百姓四處逃命，政府陷入癱瘓。他們還會得到早已潛伏在英國的同伴幫助，輕鬆開展間諜活動。不但如此，這些特務們還會被告知，德國軍隊將在幾週之後踏上英國的土地，占領英國全境。因此，軍情五處決心給德國特務們一個下馬威，讓他們看看英國不但沒有遭到破壞，而且民眾的生活井然有序。武爾夫・施密特也享受到了這樣的待遇，當汽車路過倫敦市區時，特務們特意繞道市中心，讓武爾夫・施密特看到英國各個政權機構的建築毫髮無損，政府所在地的白廳、議會大廈和英國人宗教信仰的中心 —— 威斯敏斯特大教堂都安然無恙。更重要的是倫敦市民的生活節奏跟平時一模一樣。武爾夫・施密特開始認識到一個可怕的問題：德國情報局把他耍了。

戰爭結束後，武爾夫・施密特曾經接受記者採訪，提起

重獲新生的間諜

剛剛被捕後的「倫敦一日遊」，他說:「納粹曾經向我描繪說，英國已經被完全打敗，人民在逃跑，無人繼續抵抗，這純屬騙人的鬼話。我是一個專業間諜，我可以輕易地看出這個國家是多麼平靜，生活井然有序……我上了大當。」

汽車在倫敦城裡曲曲折折地走了一陣子之後，開進了軍情五處 020 基地的審訊室。對於如何審訊武爾夫·施密特這個問題，軍情五處雙重間諜計劃負責人羅伯遜上校很是動了一番腦筋。與意志薄弱的卡羅利不同，武爾夫·施密特是個意志堅強的人，如果他信仰一件事情，是願意付出任何代價的，簡單地用死刑來逼迫他恐怕適得其反。因此羅伯遜上校決定，首先要打碎他對納粹的信仰。出面審訊他的，是心理學教授哈羅德·迪爾登。這位教授看上去一點都不像在特務機關裡供職的人，完全就是個沉迷於學術的老學究。他穿著亂糟糟的衣服，個人衛生差勁到極點，衣服上沾滿了不經意掉下來的煙灰，雖然慈眉善目，卻完全沒有英國紳士的風度。

見到這麼一個邋遢的老人，武爾夫·施密特緊繃的神經多少鬆弛了一點。他鎮定地把自己編好的謊話告訴了迪爾登教授，他說自己是丹麥記者，此行是逃離納粹統治，投奔自由民主的英國，而空投到機場附近，恐怕是航線錯誤了。迪爾登博士笑了笑，說英國軍方對加斯頓費爾德少校的飛行

技術是很有信心的，這位德國王牌飛行員才不會飛錯航線，而且一個丹麥人要逃到英國，居然能請到正宗的德國空軍為他幫忙，實在是稀奇啊！武爾夫‧施密特一聽此言，如墜冰窖，他才明白自己的行蹤早就被英國人掌握了，而自己的被捕也不是什麼意外事件，只是個早晚問題。這簡直就是貓捉老鼠的遊戲！驚慌失措的武爾夫‧施密特選擇了沉默，他需要一點時間來作出自己的選擇：承認間諜身分，也許會被處死，也許會受到招募；不承認間諜身分，英國人也早就對他瞭如指掌，結局恐怕更差。

武爾夫‧施密特的自我掙扎使他進入了一個有點自閉的狀態，審訊只好中斷。就在武爾夫‧施密特躊躇不決的時候，羅伯遜上校有點等不及了。德國情報局規定，如果間諜在派遣後三天不發回平安電報，就認為這個間諜已經失敗，中斷和他的聯繫。這樣就無法利用他開展對德國的情報欺騙。憂心忡忡的羅伯遜上校找到迪爾登博士，想知道武爾夫‧施密特是否有可能轉變過來，如果轉變過來又是否可靠。

迪爾登教授透過對武爾夫‧施密特的心理分析，判斷說：武爾夫‧施密特到英國以後，發現自己的所見所聞跟納粹灌輸的完全不同，已經發生了動搖；而且發現自己的一切祕密都被軍情五處掌握後，武爾夫‧施密特才知道，這個世界上居然存在著比德國情報局更強大的情報機構，他的自信

重獲新生的間諜

心也遭到重創。更重要的，武爾夫·施密特是個熱愛生活、具有幽默感的人，他不能忍受在監獄裡度過殘生，更不願意為了謊話連篇的納粹政權獻出生命。那麼，只要英國方面保證他的生命安全，給他足夠體面的生活，武爾夫·施密特是會一心一意給英國效力的。

迪爾登教授的判斷不但救了武爾夫·施密特的性命，也把一根絞索套在了納粹的脖子上。兩天後，武爾夫·施密特承認了自己的間諜身分，不過他還沒有徹底放棄自己原先的「信仰」。他對迪爾登教授說，可以交代自己來英國的任務，但是不能做雙重間諜，因為那樣是背叛祖國。迪爾登教授看到武爾夫·施密特防線已經開始崩潰，幾乎要笑出聲來。他步步緊逼，對武爾夫·施密特說：他父親確實有德國國籍，但是他的家鄉，石勒蘇益格·荷爾斯泰因，原先是丹麥領土，1864 年才被普魯士吞併，所以丹麥才是他的祖國。如今納粹德國又占領了丹麥全境，他為納粹效忠的行為，哪裡是什麼為國盡忠，完全是為虎作倀！而且德國情報局只對他進行了簡單的訓練，讓他帶著無數的破綻、操著德國味道的英語、拿著粗製濫造的證件來到英國，完全是讓他送死，何曾把他當作同胞了？迪爾登教授的心理攻勢不可不謂凌厲兇猛。一個人要是對自己的國家的認同都發生了動搖，又怎麼可能繼續為之效忠呢？

　　看到武爾夫‧施密特陷入了沉思，迪爾登教授發動了最後一擊。他對武爾夫‧施密特說：在他之前進入英國的納粹特務，一部分因為拒絕合作已經被處死，另一部分正在和英國合作，卡羅利也屬於後者。武爾夫‧施密特之所以會一落地就被捕，正是卡羅利提供的情報。聽到這裡，武爾夫‧施密特終於喪失了繼續為德國情報局效忠的最後一點信心。在出發之前，漢堡站告訴他卡羅利已經在英國站穩了腳跟並且正在開展工作，他到達英國後應該主動找到卡羅利，並且接受他的領導。如今卡羅利居然也投降了英國，那麼自己的堅持和奮鬥都毫無意義。那麼，理智一點的選擇就是同意和軍情五處合作。

　　就這樣，世界間諜史上一位最出色的雙重間諜誕生了，二戰的歷史也因他而改變。

忠心為英國效力

　　武爾夫‧施密特同意合作後，被英國人賦予了「Tate」的代號。

　　軍情五處派來一名軍官和一名無線電報務員，擬定了一份向漢堡站報平安的電報，要求他立刻發回去，還警告他不準在電文裡做手腳，如果他要心眼就立刻要他的命。我們不知道武爾夫‧施密特有沒有在電文中做什麼手腳，不過可以

重獲新生的間諜

斷定的是，德國情報局並沒有發現他已經被英國人控制，而且所有被英國人掌握的雙重間諜都沒有暴露。英國情報機關派出的間諜一旦被捕，往往會在電文中加入一些特別約定的訊息，總部一旦在電文中發現這些訊息，就會知道自己的間諜已經被發現了。英國控制的雙重間諜前後共有四十多人，其中很有一部分人在當了雙重間諜之後又感到懊悔，所以這四十多人不太可能全都死心塌地為英國服務。我們只能推斷，德國情報局並沒有那種間諜在被捕後在電文中祕密報警的制度。看來和英國的世界最老牌情報機關相比，德國人還是稚嫩一些。而且以德國人刻板的思維方式，似乎也不會想到這樣的技巧。

這樣的判斷是有理由的，武爾夫‧施密特的「上級」、在他之前被英國捕獲的卡羅利後來就反悔了，他在被關押的地方兩次企圖自殺，英國人不得不派兩個衛兵看守他。結果被他找準機會將兩人全部打倒，其中一個被他扼住脖子直到昏厥，要不是卡羅利著急逃走，這個倒楣的衛兵就要去見上帝了。卡羅利逃出自己被祕密關押的別墅後，偷了一輛摩托車，打算到海邊找條小船逃回德國，結果只跑出二十英里就被抓住。這次英國人徹底對他失望了，把他關進了貨真價實的監獄，直到戰爭結束才把他放回老家瑞典。為了不讓德國情報局對卡羅利的失蹤發生懷疑，武爾夫‧施密特還不得不

幫著英國人圓謊，發電報說卡羅利生病，必須由一名替補報務員來發報。德國情報局對此深信不疑。假如德國情報局和派遣間諜之間有某種約定，可以在被控制的情況下，在電文裡加入祕密信號來報告處境，卡羅利就不用一次又一次地折騰了。

　　後來又發生了一件叫軍情五處心驚肉跳的事情，約尼受命前往葡萄牙首都里斯本，任務期間居然擅自會見了德國情報局的一名間諜。雖然後來的事實證明，約尼沒有洩漏武爾夫・施密特等人的祕密，但是軍情五處再也不敢放約尼自由行動了。可憐的約尼一回國就被關進監獄，而且不準再和外界有任何接觸，直到戰爭結束。

　　只有武爾夫・施密特還在忠心耿耿地為軍情五處效力。但是特務機關的行為準則之一就是懷疑一切人，一個人看上去再可靠，也只有經過考驗才可以信任。1941 年 5 月，在發生了卡羅利事件以後，軍情五處要求武爾夫・施密特給漢堡站去電，說經費已近枯竭，而且電臺的某個電子管快要報廢了，希望能派一名間諜親自送來。而德國情報局也正打算派遣新特務，就這樣，5 月 13 日的夜晚，黨衛軍大隊長、武爾夫・施密特的老同事卡爾・里希特就帶著一個電子管和五百英鎊、一千美元跳到了英國的土地上。可是還沒等軍情五處動手，一個精明的警官就先發現了卡爾，把他押到了警

重獲新生的間諜

察局，而且弄得當地盡人皆知。這樣，卡爾就不可能再作為雙重間諜來使用了。軍情五處沒有別的辦法，只好把卡爾送上了法庭。當年的年底，卡爾以間諜罪被絞死在旺茲沃斯監獄，連反駁的機會都沒有。

不過武爾夫·施密特因此透過了考驗，英國人從此對他不再懷疑。為了讓武爾夫·施密特發回德國的電文顯得更加真實，軍情五處允許武爾夫·施密特在英國自由行動，他甚至找到了一份當記者的工作，到英國的城市和鄉村去採訪。不但如此，軍情五處甚至讓他去參觀飛機製造廠和造船廠。武爾夫·施密特本人聰明機敏，文才出眾。他能夠根據自己的所見所聞，把實際情況加以修改，寫成生動形象的報告發回德國。由於他的幽默感和文學才能，德國方面不但沒有發現他已經被英國人控制，而且對他的報告越來越著迷。到 1941 年底，武爾夫·施密特就發出了上千條報告，不但每天報告英國的天氣情況，而且還經常報告有關機場和其他英國策略目標的情況，甚至還有英國武器產量和性能的情報，讓德國情報局欣喜不已。實際上這些情報都做了手腳，比如把設防嚴密的地區說成防守空虛，編造一個虛假的英國造艦計劃，還把英國飛機和其他武器的產量縮水以後匯報給漢堡站。這些似真實假的消息使德國在制定西線作戰計劃時出現了重大偏差，為盟國贏得歐洲戰場的勝利創造了條件。

忠心為英國效力

　　相比之下，德國方面從來沒有懷疑過武爾夫・施密特。武爾夫・施密特經常肆無忌憚地朝漢堡站要錢，口氣近乎於勒索。他曾經在電文裡質問上司：「你到底還要拖多長時間才派人給我送錢來？」「立即給我送四千英鎊來，否則你小心倒楣。」收到錢以後，他居然回覆說：「今天我要休假，我要喝個爛醉如泥。」然而，正是這種痞子般的肆無忌憚讓德國情報局對他信任有加，一個精神狀態如此放鬆自如的人，一定在當地社會裡混得如魚得水，而且生活狀態非常好。為了提供經費給武爾夫・施密特，德國情報局想盡了辦法。武爾夫・施密特向上司勒索四千英鎊後，德國人苦於沒有可靠的交通線，居然求助於同為軸心國的日本。當時日本和英國尚未開戰，日本外交人員還能在英國自由活動，日本駐英國大使館的海軍副武官千典良校把德國人委託他轉交的四千英鎊夾在報紙裡，輾轉多次，在公共汽車上交給了武爾夫・施密特。要知道，當時的英國和日本雖然沒有正式開戰，但是雙方對戰爭的必然來到也是心照不宣。外交部門的武官多數都是半公開身分的間諜，只要出了大使館的門，必然遭到反間諜機構的跟蹤。德國居然動用日本外交官來為武爾夫・施密特提供經費，不但說明了德國在英國沒有一個可靠的間諜體系，而且也說明了德國情報局對武爾夫・施密特的重視。武爾夫・施密特先後從德國情報局那裡弄來了八萬英鎊，按照

重獲新生的間諜

當年的幣值這是一筆相當可觀的財富。這些錢理所當然地被軍情五處當作了雙重間諜活動的經費。

雙重間諜們的職責，是向德國情報局發送虛假的情報。這些情報不能是完全虛假的，經常是在九句真話裡插一句假話。德國情報局雖然沒有英國情報機關那麼老辣，但也是由一群精明強幹的人組成，要想欺騙他們不是件容易的事情。

一般來說，情報機構訊息來源的有研究公開媒體、電子監聽、密電截獲和破譯、航空偵察、祕密間諜等。任何一個國家的情報機構，都不會只依賴祕密間諜。但是對雙重間諜的任務來說，問題就複雜了。雙重間諜的報告，必須和其他訊息來源的訊息基本吻合，否則對方會立刻發現間諜出了問題。

英國在戰爭時期，為了統一領導情報工作、彼此協調，建立了由內閣領導的「雙十字委員會」，成員包括了英國陸軍部、總參謀部、海軍情報處、空軍情報處、軍情五處、軍情六處、內務部、外交部。這個委員會主要任務之一，就是為雙重間諜的對德報告「圓謊」，這樣德國情報局就會越來越相信雙重間諜發回的報告，被英國牽著鼻子走。在二戰期間，「雙十字」委員會的「圓謊」工作可以說是滴水不漏，德國情報局從來沒有對雙重間諜的報告產生過懷疑。

受到寬恕的納粹黨人

諾曼地戰役發起前後，軍情五處的雙重間諜活動進入高潮。幾乎所有可靠的雙重間諜都投入了使用。由於策略欺騙的成功，盟軍在諾曼地登陸以後，德軍統帥部仍然懷疑這是佯攻，主攻方向是在加來。盟軍因此決定把策略欺騙繼續下去，以利於鞏固登陸場，站穩腳跟。因為武爾夫·施密特之前曾經報告說，自己在懷城發展了一位農場主朋友，此時德國情報局命令武爾夫·施密特立刻趕到加來對岸的英國懷城，偵察盟軍所謂「第一集團軍」的集結和作戰準備。武爾夫·施密特於1944 年 5 月帶著電臺來到懷城，在軍情五處的安排下「結識」了一名鐵路職員，「了解」到了大量鐵路運輸的訊息，他報告德國情報局說，美國第一集團軍確實已經在港口整裝待發。這個消息讓納粹高層大為震驚，同時納粹又從其他渠道了解到，這個「第一集團軍」的司令就是著名的巴頓將軍，這樣德國就更加相信諾曼地登陸不過是佯攻，真正的主攻在加來方向。雙方的情報機關首腦還對武爾夫·施密特的情報做出了相同的評語：「這份情報簡直可以決定戰爭的命運」。事實證明雙方都沒有說錯，不過德國只能有苦難言。

直到諾曼地登陸幾個星期以後，納粹才如夢方醒，把一直部署在加來地區的幾個師撤了出來。即使是這樣，武爾夫·施密特也沒有引起德國情報局的懷疑。

重獲新生的間諜

到 1944 年底，雖然盟軍已經在西歐開闢了第二戰場，但是納粹仍在頑抗。盟軍由於破譯了納粹的「謎」密碼機，以及採用了新型雷達，本來已經將德國潛艇「狼群」逐出了大西洋。但是德國海軍司令、「狼群」戰術的發明者鄧尼茲並不死心。他把裝備了通氣管的潛艇投入戰場，再次給盟軍帶來了巨大麻煩。

早期的潛艇都採取水上用柴油機推進、水下用電動機推進的方式，而電動機的能源來自於蓄電池。但是一艘潛艇上的蓄電池容量有限，所以潛艇只能在水下航行很短的時間。多數時候都要在水面用柴油機航行。在 1943 年前的大西洋反潛戰中，多數被擊沉的德國潛艇都是在水面被雷達發現而遭到攻擊的。

柴油機之所以不能在水下運行，主要是因為不能獲得燃燒用的空氣。早在 1938 年，荷蘭海軍就開始想辦法解決這個問題，在 O-19 和 O-20 號潛艇上實驗了通氣管技術，就是在潛艇的指揮塔上加裝一根很粗的管子，當潛艇在潛望鏡高度航行時（也就是潛艇艇身在水面以下，只把潛望鏡伸出水面），這根管子也伸出水面，吸取足夠的空氣供柴油機使用。這種技術一直使用到現在。

1940 年，德軍入侵荷蘭，繳獲了關於通氣管技術的資料和設備。但是這些資料起初並沒有重視。到 1943 年，德國潛

艇部隊因為損失巨大而被逐出大西洋戰場後，鄧尼茲決定用通氣管技術挽回敗局。當時的雷達水準並不高，如果潛艇只把潛望鏡和通氣管伸出水面，是很難被雷達發現的。通氣管設備安裝在Ⅶ C 和 IXC 型潛艇上後效果不錯，1943 年設計建造的 XXI 和 XX Ⅲ型潛艇也使用了這種技術，雖然會導致潛艇航行性能的下降，但是確實大大提高了隱蔽性。這樣，盟軍雖然能知道德國潛艇的大概位置，但是因為不能精確發現，反潛作戰的效能急遽下降。此時幾十萬美軍和英軍正在歐洲大陸上與納粹廝殺，這幾十萬人每天都需要大量的彈藥、油料和補給品，有大量的傷員要後送，損失掉的車輛和裝備也要及時補充。尤其是習慣大手大腳的美軍更是一刻也離不開補給。因此大西洋航線被德國破壞，這幾十萬人的戰鬥力就無法維持，敦刻爾克完全可能重演。因此大西洋的制海權比登陸更加重要。

　　為了對付重新猖獗起來的「狼群」，盟軍首腦機關費盡了心思。實際上對付潛艇有一個辦法，就是用深水水雷設下陷阱。然而當時盟軍在西線處於攻勢，像水雷這樣的防守武器數量不多，而且布雷艦艇也不多。更重要的是，德國潛艇的活動範圍相當大，盟軍不可能把德國潛艇活動的所有海區都布滿水雷。在這樣的困局之下，我們的武爾夫‧施密特再次登場。這次他又「結識」了英國皇家海軍「普羅佛爾」號

重獲新生的間諜

布雷艦的艦長，從他嘴裡「知道」了英國所有的布雷海區。為了配合武爾夫・施密特的工作，在英國紅十字會向德國方面通報被英國海軍俘獲的德國潛艇人員名單前後，軍情五處都會讓武爾夫・施密特向德國報告這些潛艇是如何觸雷沉沒的。在此期間又發生了一件讓武爾夫・施密特聲望大增的事情。一艘德國潛艇在武爾夫・施密特報告的布雷區裡沉沒，而艇長在最後時刻報告說自己觸雷。結果從那以後，凡是武爾夫・施密特指出的布雷區，德國潛艇從不涉足，讓這些地方成了盟軍船隊的安全區。

因為武爾夫・施密特的「出色工作」，德國情報局破天荒地在電報裡批准他加入德國國籍，還授予他一級鐵十字勛章一枚、二級鐵十字勛章一枚。就在漢堡市被盟軍攻占的前夕，德國情報局還在要求武爾夫・施密特努力工作，保持聯繫。雙重間諜做到這種程度，實在是登峰造極了。

至於武爾夫・施密特的結局，應該說還是比較理想的。在日復一日的合作中，武爾夫・施密特逐漸取得了英國人的信任。他不但能走出監獄，生活在自由的空氣中，而且還找到了一份當記者的工作。到這個時候，武爾夫・施密特的英語水準已經是無懈可擊，誰都不會再聽到他的德國口音了。由於他生動風趣的文風，很快就成了當地的著名記者，甚至還有報紙請他現場採訪諾曼地登陸。武爾夫・施密特的個人

生活也還不錯，他本身就是個帥哥，在缺少壯年男性的戰爭時期更受女性青睞。武爾夫·施密特於 1941 年底和一位哈德福德郡的農場女工結婚，次年得子。他還把這個消息發回德國說：「我剛剛當了一個七磅重男孩的父親。」

因為忠心不二，武爾夫·施密特在英國享受到的自由越來越多。他從心理上已經越來越把自己當英國人了。二戰結束以後，武爾夫·施密特申請了英國公民權。這樣他就有了選舉權，這讓軍情五處感到太荒唐了一點，到底武爾夫·施密特是以一個破壞分子的身分來到英國的，於是設法阻止。武爾夫·施密特也沒打算為自己爭奪這份權利，他與妻子離婚後，獨自居住在倫敦郊區。也許他是擔心某些漏網的前納粹特務對他懷恨在心，設法報復；也許他對自己的間諜身分已經再沒有興趣，不想對人提起。不過歷史是不會忘記他的，英國作家馬斯特曼評價說，武爾夫·施密特的名字「將記錄在世界間諜史正義的一頁上」。這也許是一個曾經的納粹黨人所能得到的最高評價。

重獲新生的間諜

「業餘」間諜

英國祕密文件被竊

英國安全局總部大樓英國白廳，英國首相邱吉爾正在向英國安全局局長孟席斯大發雷霆。原來，近日發現，英國的祕密外交文件頻頻被德國截獲。盟國之間的重要決策，納粹德國無不知曉，如開羅會議、德黑蘭會議，甚至還有邱吉爾進攻巴爾幹半島的計劃、盟軍開闢第二戰場的「霸王計劃」等。

英國外交祕密屢遭洩漏，引起了邱吉爾的嚴重不安。他責令立即查出隱藏在身邊的間諜，嚴厲查辦。

孟席斯不敢怠慢，他動用祕密警察系統，不久，這個人就露出水面。

誰都沒有想到，這位使英美情報機關大傷腦筋的人物，竟是土耳其的一個無名小卒，化名叫「西塞羅」，連他自己也沒有想到，他居然成了一名國際人物。

1943 年春，在中立國土耳其首都安卡拉的一座高級賓館的休息室裡，伊列薩‧巴茲納心酸地坐在那裡喝啤酒。他那年三十九歲，可是還一事無成，看來只能一輩子做外國人的僕人了。他當過南斯拉夫大使的司機兼侍從、當過美國武官的侍從，還當過德國大使館參贊任克先生的侍從。被德國大使館解僱的那天，巴茲納正在安卡拉宮飯店的休息室裡考慮著自己的未來。

德國人一定懷疑巴茲納是間諜了，因為他偷看過祕密文件並對某些文件照過相，但那都是試試膽量的預演而已。巴茲納在想，為什麼德國人懷疑他？因為土耳其是中立國，敵對各大國的使館靠得很近，是刺探軍情、進行間諜活動的大好場所。窮困潦倒的巴茲納突發奇想，我為什麼不能成為一個間諜呢？為什麼不能把竊取的情報賣高價呢？

巴茲納的眼光瞥了一下手中的一張報紙，中縫的幾行小字立即吸引了他：「英國大使館一等祕書欲徵僱司機一名。」巴茲納興沖沖地走出了安卡拉宮的休息室，走上了一條充滿冒險與災難的道路。

偶然走上間諜道路

巴茲納帶了一封介紹信來到了廣告上所說的地點，外面停著一輛大轎車，車牌上寫著「英國大使館」。汽車的後座上擱著一個打開的公文包，巴茲納還能看到裡面的文件，巴茲納預感到今後要竊取類似的文件並非難事。

英國大使館一等祕書巴斯克先生把巴茲納引進房間的時候，用陰沉的眼光盯著他，並用英文問道：「你申請這個職位，是嗎？」巴茲納用法文回答：「是的，先生。」。「你不會講英文嗎？」「我能看也能聽懂，但講有困難。」「你還懂其他語言嗎？」巴茲納告訴他除了土耳其文和法文，還懂一丁點希臘文和德文。

「業餘」間諜

　　第二天，巴茲納就搬進了巴斯克先生的住宅。巴斯克習慣把文件帶回家中，晚上工作。巴茲納很快就發現了放文件的地方。一天，巴茲納趁巴斯克暫時不在，從抽屜裡取出一個檔案夾裡的文件放在外衣裡。巴茲納還沒有來得及離開，巴斯克就回來了。他突然問：「暖氣修好了沒有？」他妻子要生孩子了，所以顯得異常興奮。當巴茲納回答還沒有修好時，巴斯克要他立即去修。

　　巴茲納來到裝置暖氣設備的地窖裡，有了機會靜下心來看文件。這個檔案夾裡有使館寫的和收到的備忘錄，內有好幾份邱吉爾的指示。這些指示說，必須不遺餘力地把中立的土耳其拉到盟國一邊來。文件中還有在土耳其建立盟軍機場的計劃以及為盟國艦隻駛進黑海打開通道的計劃。當巴茲納走出地窖時，自己覺得彷彿已成了能改變土耳其歷史的大人物了。

　　巴茲納準備上樓送回文件時，巴斯克正衝出書房，臉部漲得通紅，巴茲納以為他發現了文件失竊，緊張得渾身發顫，嘴裡喃喃地說：「暖氣修好了。」巴斯克興沖沖地打斷了巴茲納的話：「我不管這個。我剛接到伊斯坦堡來的電話，我的妻子為我生了一個女兒。」巴斯克說完就走了，巴茲納卻被嚇出了一身冷汗。他趕緊走進巴斯克的書房，把文件放回原處。

此後幾個星期，一等祕書巴斯克老是惦記著一個女性——他的女兒，而巴茲納卻惦記著另一個女性——巴斯克夫人帶回家照看嬰兒的保姆瑪拉。她細長的身材、烏黑的秀髮，在巴茲納看來，她身上似乎集中了許多婦女所具有的最優美風姿，更重要的是，瑪拉可能成為巴茲納達到下一步目標的工具。因為巴茲納想要看到巴斯克帶回的文件並不困難，但要獲得真正的有價值的文件，必須到英國大使館本部去。

當時正好英國大使海森爵士要招僱一名侍從，這可是千載難逢的機會。巴茲納認定，要成為英國大使侍從的上策是讓一等祕書向大使閣下推薦他，但這件事得由瑪拉幫忙。透過旁敲側擊，巴茲納得知瑪拉有過一次痛苦的婚姻，於是約她在安卡拉近郊的一個小公園會面，巴茲納很快得到了瑪拉的欽慕。突然間，巴茲納嚴肅起來，說道：「我要通知巴斯克先生我要辭職。」瑪拉驚愕地望著巴茲納說：「為什麼？他對你非常滿意。」巴茲納柔聲地說：「因為你，我要離開。」瑪拉表示十分不解。巴茲納對她說，他已是四個孩子的父親，但卻對她一見鍾情，為避免使大家為難，最好還是請她與巴斯克夫人說說，把他推薦給大使。瑪拉天真地說：「你在大使館工作，我們仍然可以見面。」狡猾的巴茲納試探地問：「你認為這是件好事嗎？」瑪拉的回答是用手臂摟住了巴茲納的脖子，緊緊地抱著他。

「業餘」間諜

　　幾天之後，巴斯克就問巴茲納是否願意當大使的侍從，巴茲納當然求之不得。半個小時之後，巴斯克就把他引進了英國大使海森爵士的書房。巴茲納的雙手微抖，因為他第一次出現在未來的受騙者面前。海森爵士倒顯得泰然自若，他肯定沒有意識到站在他面前的是一生中最大的敵人。

　　海森爵士簡短的打量了一下巴茲納，就錄用了這位未來的間諜。接著，大使把巴斯克叫了過去，遞給他一個檔案袋。巴茲納從兩個外交官的眼神裡可以判斷出，這是一份重要的文件。巴斯克臨走時對大使說：「明天早上我退還給你。」並自鳴得意地心想：「是經我看過之後才返還給你。」

　　那天晚上，巴茲納仍舊回到了巴斯克的住所。巴斯克夫婦外出應酬去了，巴茲納很快取出了文件，用萊卡照相機把文件一頁一頁照下來。在一旁看著巴茲納照相的瑪拉興奮地叫道：「你是屬於土耳其祕密情報機關的！」巴茲納只是笑笑。這確是一份重要的文件，裡面有一份美國交給蘇聯的全部戰爭物資清單，還有一份關於 1943 年 10 月在莫斯科舉行外長會議的備忘錄。備忘錄說蘇聯正在施加壓力使土耳其參戰。

　　第二天早上，巴茲納就開始了英國大使侍從的工作。管家領他看了一遍大使的住宅，巴茲納留心觀察著每一個房間和通道，以便作案。他新的工作是每天早上七點半叫醒大

使，並送上一杯果汁。巴茲納發現大使床邊的桌子上總是放著一個黑色的皮盒子，大使邊喝果汁邊看文件。透過觀察，巴茲納很快弄清了英國大使館文件傳閱和存放的情況。海森爵士的習慣是把全天的祕密備忘錄、電報以及其他文件從使館送來給他，經他過目後，交給祕書放在寓所辦公室的保險櫃裡。但晚上大使要著重研究的文件卻放在黑盒子裡。於是，英國大使館的文件保管存在著一個令人吃驚的狀況：越重要的文件，保安工作越鬆懈。非特別機密的文件放在使館，那裡有強有力的保安人員保衛，但真正事關重大的文件卻保存在大使的寓所裡，實際上沒有任何保衛。最重要的文件就放在大使床邊的黑盒子裡。巴茲納一下子就找到了源頭，現在他所需要的不過是一把鑰匙而已。

有一天早上，機會來了，平時大使去洗澡總是把鑰匙放在浴衣口袋裡帶進浴室，這天卻把鑰匙留在床頭櫃上。一共有三把鑰匙，一把是黑盒子上的，另一把是保險櫃上的，還有一把是大使館送文件給大使的紅盒子上的。巴茲納迅速拿出事先準備好的蠟，印好三個鑰匙的蠟印。他剛把鑰匙放在床頭櫃上，海森爵士就穿著浴衣滿臉通紅跑了進來。當他看到鑰匙安然無恙躺在床頭櫃上，如釋重負。他沒有想到，鑰匙已被做了手腳。他拿起鑰匙又回到浴室去了。從此，巴茲納要竊取英國大使的文件就易如反掌了。

出賣機密

1943 年 10 月 26 日，這是決定性的一天。巴茲納決心到德國大使館去接洽，出賣他的情報。到那時為止，他已照了五十二張高度機密的照片。那一整天，巴茲納在海森爵士家幹活時，一直考慮應開價多少，最後決定開價十七萬美元，一想到有這麼多錢，巴茲納就樂得發狂。

傍晚六點，巴茲納離開英國大使館，口袋裡裝著兩個膠卷。德國大使館位於阿塔土耳克大街，鐵門外是隆隆的車輛、赤腳的農民、趕驢的腳伕、哭泣的乞丐，一片喧鬧嘈雜聲。門內卻秩序井然，安靜整潔。巴茲納來到德國使館門口，要求見大使館參贊任克先生，以前巴茲納為參贊開過車。看門人把巴茲納帶到會客室，讓他在裡面等。等了好半天，任剋夫人終於進來了，寒暄了幾句後，巴茲納說明來意：「夫人，我希望從你那裡得到一大筆錢……」沃剋夫人可是有點來頭的女人，她是赫赫有名的德國外交部長裡賓特洛甫的妹妹，她沉著自若地說：「巴茲納先生，我恐怕沒有功夫來與你瞎扯。」巴茲納著急了：「這不是瞎扯，夫人。我來告訴你，我現在是海森爵士的僕人了。我才從英國大使館冒著生命危險到這裡來……」沉默了一會兒，任剋夫人慢條斯理地開了腔：「我想我的丈夫會有興趣見你的。」

任克參贊來到會客室後，巴茲納摸著口袋裡的兩卷膠卷

說：「我現在賣給你標有絕密字樣的兩卷膠卷，我要十七萬美元。以後加一卷，要你十二萬美元。」巴茲納開價如此之高，把任克嚇了一跳。巴茲納威脅說：「記住，蘇聯大使館只隔兩個門。俄國人一定會出高價的。」任克參贊恢復了平靜，「我們不能在不知道你的膠卷確實價值多少之前就付給你那麼一大筆錢。況且，我們使館也沒有那麼一大筆錢。」巴茲納胸有成竹地說：「那麼你得要求柏林給你匯些來。我10月30日打電話來，那時你就能告訴我柏林是否接受我的條件。」任克表示這要與負責這種事的人聯繫。巴茲納趁熱打鐵說：「那麼，今天晚上吧！」這麼重要的事，參贊帶著巴茲納去見了德國大使慕吉斯，大使顯然更感興趣。

在見面的最後，巴茲納還要求慕吉斯給他一架萊卡照相機，並不斷提供給他膠卷，因為他不便經常去買膠卷。

第二天，德國駐安卡拉大使館致電柏林，得到了肯定的答覆。10月30日下午三點，巴茲納撥通了慕吉斯的電話，用事先約好的暗語說：「我是皮耶。」巴茲納聽得出德國人願意做這筆交易了。巴茲納雖然已拍了兩卷膠卷，但還想多採辦點「貨物」，以換取更多的錢。他趁海森爵士吃晚飯的時候，又進入了大使的書房，用仿製的鑰匙打開文件盒，取出文件後回到自己的房間。巴茲納熟練地架起平時偽裝成毛巾架的三角架，取出照相機，扭開床頭櫃上一百瓦的電燈，照下了文件。不到三分鐘，巴茲納把文件藏在外衣裡回到大使

219

「業餘」間諜

的書房，他正欲進去，不禁大吃一驚，書房門半開著，海森爵士正在裡面打電話。如果他那時打開紅盒子看看，那一切都完了。但海森爵士急著去吃他沒吃完的晚餐，壓根就沒看盒子。巴茲納又一次脫險了，安然把文件放回了原處。巴茲納事後知道，這些文件是關於盟國莫斯科會議所作決定的詳細報告。其中有關於進軍法國的準備和增加壓力迫使土耳其在年底前加入戰爭的內容。這些文件的內容德國人無疑千方百計想知道。

兩小時後，巴茲納去見德國大使慕吉斯時並沒有帶剛才照的膠卷。他很迷信，因為這膠卷險些帶來災難。巴茲納在德國大使館見到慕吉斯後，兩個互不信任的人四目相對。慕吉斯突然說：「給我看膠卷。」巴茲納直瞪著他的眼睛說：「給我看錢。」慕吉斯毫不猶豫地走到保險櫃前，取出一大包嶄新的鈔票。巴茲納點了點，數字完全正確，是十七萬美元。

等巴茲納走出德國大使館時，他已成了富人。巴茲納在安卡拉近郊買了一棟別墅，為瑪拉買齊了高檔服飾和化妝品。瑪拉明知此錢來路不正，但她滿不在乎。

一次交易後，慕吉斯告訴他說：「我們替你起了個化名，叫『西塞羅』。」

鋌而走險

　　幾乎每天晚上，第二次世界大戰著名人物的名字都出現在海森爵士的文件上，羅斯福、邱吉爾、史達林、艾登、莫洛托夫、霍普金斯等等，這些名字每天也在巴茲納的照相機前列隊而過。在所照文件中，「大君主作戰」這個暗語不斷出現，巴茲納逐漸明白，這就是盟軍開闢第二戰場的代號。

　　所有這些情報，巴茲納每天晚上都在汽車裡交給慕吉斯，德國人每天都能詳細地了解到他們的敵人想幹什麼。英國文件中經常重複提到的「大君主作戰」，一經與德國人的其他情報關聯起來，對他們就有極大的價值。

　　此時，他收到了一封遠方表親的來信，信中說一個叫伊絲拉的小姐要到安卡拉來闖一闖，要他關照一下。巴茲納去見海森夫人，海森夫人同意這位小姐可暫住使館，等找到工作再走。一位漂亮的天使飄然來到他的身邊。伊絲拉芳齡剛滿十七，像很多希臘血統的土耳其人一樣，長得水仙花一般美麗。伊絲拉的到來，把使館下人的住處搞得雞犬不寧，即使巴茲納看她時，也感到熱烘烘的，儘管巴茲納比她大二十歲。「西塞羅」需要觀眾，這是他進行冒險的精神動力。瑪拉已使他厭倦了，漂亮的伊絲拉成了他渴望的觀眾，他要得到伊絲拉的欽佩，同時又要利用這位小天使。

　　很快，他的計劃成功了，伊絲拉從心裡接受了巴茲納，

「業餘」間諜

不僅因為他是自己身處異鄉的表親，而是因為巴茲納的「魅力」。

巴茲納利用伊絲拉的機會沒過多久就到來了。當巴茲納在燙衣室為海森爵士燙西服時突然停電了，他走到保險絲盒子那裡，發現伊絲拉已經站在那裡。巴茲納說：「一定有根保險絲斷了。」伊絲拉卻說：「沒有斷，有幾個人在安裝海森爵士房裡的保險櫃。他們叫我把保險絲拆下來……」沒等伊絲拉說完，巴茲納的腦海裡就湧出了一個大膽的新計劃，他急忙衝地向海森爵士的房間跑去。

「難道必須把所有的保險絲都拆下來嗎？」巴茲納對著兩名忙著弄保險櫃的工人發問。「沒有電，不能燙衣服，海森爵士會生氣的。如果你們要修理警鈴設備，只要拆掉警鈴相連的保險絲就行了。」那個工人試了好幾次，總算找到了與警鈴相連的保險絲，把其他保險絲插上又回去幹活了。

「仔細記住那根保險絲。」巴茲納命令似的對伊絲拉說。伊絲拉感到困惑不解，巴茲納逗著她說：「如果把一根保險絲拆下來，就能使警鈴失靈，那在保險櫃上安裝警鈴設備又有什麼用呢？」

第二天上午，伊絲拉飄然出現在巴茲納的面前，「大使出去吃午飯了。他的祕書也出去了。」巴茲納再也坐不住了。

「把保險絲拆下來。」巴茲納對伊絲拉命令道。不料伊絲

鋌而走險

拉說：「我已經把保險絲拆下來了。」巴茲納吃驚地望著滿臉孩子氣的伊絲拉，一股衝動使他疾步趕到海森爵士的書房，取出文件後，嘴裡吹著巴黎最新流行的歌曲「玫瑰生涯」的調子回到了自己的房間，用照相機拍下文件。沿著走廊走回去經過伊絲拉身邊時，巴茲納簡短地說了句：「五分鐘後把保險絲裝回去，五分鐘就夠了。」

巴茲納有意慢吞吞地走回去，他不願在伊絲拉面前顯露出絲毫的慌張。「伊絲拉！」突然一個聲音喊道，原來是海森夫人，她冷酷的聲音徹底打垮了巴茲納的故作鎮靜，他的雙腳好像被釘住了似的，呆呆地望著海森夫人。海森夫人機關槍似的發問：「你表妹怎麼樣了？你還沒有替她找到工作嗎？要知道她不能永遠待在這裡。」巴茲納結結巴巴地說：「夫人，我本來以為她能在這裡工作，因為……」習慣於發號施令的海森夫人打斷了巴茲納的話：「這個問題根本不存在。我要你立刻替她找一個別的地方住。」巴茲納一面唯唯諾諾地答應著海森夫人，一面計算著他那寶貴的五分鐘還剩多少時間。海森夫人最後對巴茲納說：「叫管家送些茶來。」巴茲納見總算有了脫身的機會，轉身就想溜。想不到海森夫人又把他叫住了：「伊絲拉不一定非要今天就走。」海森夫人說完，昂首走了。巴茲納渾身冷汗地望著海森夫人的背影消失，然後朝海森爵士的書房飛奔而去，以瘋狂的速度打開了

保險櫃，把文件塞了回去。

　　巴茲納這次搞到的文件是盟軍進攻巴爾幹的詳細計劃，看起來是邱吉爾的自鳴得意之作。文件中說，盟國的進攻矛頭應指向希臘塞薩洛尼基和保加利亞，這次進攻將由空軍配合，飛機自埃及起飛，以土耳其伊斯美爾為基地。進攻的日子定於 1944 年 2 月 15 日，因此，從盟國的觀點出發，在這日期之前就得使土耳其參戰。德國人得知這些情報後，向土耳其人施加壓力，土耳其倉皇結束了與盟國的談判，薩羅尼加作戰計劃就這樣取消了。英國駐土耳其軍事代表團也走了，這使盟國大失所望。

　　德國駐土耳其大使盛讚西塞羅：「提供的情報極有價值……他提供給我們的關於敵人的作戰計劃的詳情具有重大的直接意義。」納粹元兇希特勒對西塞羅的工作也大加讚賞，表示戰後要為西塞羅在德國建一所別墅，以示獎勵。西塞羅因此成為世界諜海的風雲人物，而受到全世界的矚目。

　　不過，你也許知道，這一切都隨著德國納粹的覆滅而煙消雲散，西塞羅也成為英國祕密警察的階下囚。

川島芳子

川島芳子

清朝皇族格格

川島芳子是清末代肅親王善耆的十四格格，其本名顯紓，字東珍，漢名為金碧輝，生於西元 1906 年，與宣統皇帝同歲。

川島芳子沒有趕上清朝輝煌的時期，她一出生就要面對滿清統治的風雨飄搖。川島芳子六歲的時候，清朝派去鎮壓辛亥革命的袁世凱反戈一擊，精銳的北洋六鎮以革命軍的旗號殺回北京。一眾清朝權貴倉皇出逃。

川島芳子的哥哥憲立在後來說：「清朝因辛亥革命崩潰時，我十一歲，跟父母與弟弟妹妹一起在王府裡生活。可是，隨著革命軍逼近北京，首先是父親逃離北京去旅順。一週之後，我們兄弟妹妹也離開了。先是逃到了北京的川島浪速家中，後來又奔往旅順，但是，因為用海關的鐵橋已被炸毀，我們在中途下了火車，在秦皇島上了日本的『千代田號』軍艦。至今我還清楚地記得，十一歲的我拉著六歲的妹妹顯紓乘『千代田號』的情景。『千代田號』抵達旅順時，旅順全城市民以最高禮遇迎接了我們，我們的亡命生活就這樣開始了。」

這個川島浪速實際上是個日本浪人，他名義上是給肅親王當日語翻譯，但是肅親王不單純把他當翻譯看待，而是把他當作跟日本聯繫的橋樑，和他結成了把兄弟。肅親王企圖

恢復清朝的求助信件也是透過川島遞交給日本政府的。日本當時執政的是大隈內閣，他們在收到肅親王的信後，立即表示願意支持肅親王，但暗示要先讓滿洲獨立才能考慮，還要求肅親王指定談判代表。

肅親王不假思索地指定川島浪速為談判代表。日本政府得知這一任命，吃驚不小，大日本帝國政府怎麼能和一個三等翻譯談判呢？

日本政府照會肅親王，問他為什麼張口閉口地總是川島浪速？豈不知肅親王對浪速信任備至，甚至要把他的第十四公主送給川島作養女。

浪速聞知肅親王的盛意後感激涕零，他本希望收一個男兒為養子。但是根據清朝的皇室規矩，皇族男子只能過繼給本國皇族，無奈浪速只好接受顯紓。而另外一種說法說，肅親王認為自己的男孩子沒一個有出息的，唯有女兒顯紓聰明乖巧，所以認為她將來一定最有出息。

川島浪速作為肅親王的代表回到東京後，許多對滿蒙問題有興趣的日本人經常聚集到他家中。這些人經常看到一個六歲左右，梳著瀏海的可愛小小姐，這是川島芳子東渡日本後給日本人留下的最初印象。當時她還是一個天真無邪的小姐。芳子上女子學校時，川島把家從東京遷到了信州的松本。芳子在那裡讀到了女子學校畢業。當時那所學校叫「松

川島芳子

本高等女子學校」，所以說芳子教育程度為高中畢業。

川島浪速有位祕書，叫做石井。石井的夫人後來回憶說：「芳子常穿一件紫裙褲，頭紮一條大緞帶，一看就知道是一位與眾不同的小姐。當問到她家鄉是哪裡的時候，她非常靈機，既不說日本，也不說是中國，而說是『在媽媽的肚子裡』。一副才氣橫溢的精神，給我留下了深刻的印象。」

川島芳子的一些同學在後來的校史上次憶說，川島芳子經常騎馬上學。她高興了就來上課，不高興就在中途溜出去，跑到勤雜人員的屋子裡消磨時間，是個我行我素的人。但在高校的學籍中並沒有川島芳子這個名字，也沒有記載有關她的情況記錄，據說這是因為她當時只是個旁聽生。

芳子十六歲時，她的父親肅親王去世了。當時她正在松本女子高中上學。這樣，她稱呼為父親的人就只剩下川島浪速一個人了。但是芳子對父親肅親王的死去，也沒有感到非常痛苦。她從孩提時代就經受了亂世的磨練，親身經歷了廢除王政和革命等種種激烈變化，來到異國他鄉，作為一個外國人的孩子長大成人。對於有著這樣經歷的芳子來說，也許早就喪失了「骨肉親情」這東西了。

而所謂川島芳子在校期間的「裸照」風波也只不過是一些人的惡作劇罷了。其實根據《婦人公論》中發表的川島芳子手記記載：「因為清朝的規矩，皇族必須為故去的先人身披

孝服守墓兩個月。」所以可見少年的川島芳子並非是傳言中的放蕩不羈。

清朝在康熙、乾隆年間盛極一時，晚清皇族也不斷向子女灌輸當年的輝煌。親眼目睹大清帝國覆滅的川島芳子終究不能忘記復辟滿清的念頭，而她作為清皇族的女兒降生人世，也許給她帶來了終生的不幸。

她的同班同學在後來回憶：「芳子儘管有她與眾不同的任性的一面，但她在休息時卻常常依在窗邊，憂傷地哼唱著中國的歌曲。」

十多年的時光過去了，昔日的小小姐已經成為身穿和服、口操道地日語、見人大大方方地鞠躬、禮貌的川島芳子了。此時的芳子，常穿水兵式服裝，頭髮有時梳成辮髮，有時又隨意飄散在兩肩。由於年齡漸長，加之其生父和養父的事業急需有才華的後備軍，川島芳子開始接受有關政治事務、軍事技能、情報與資料的收集等方面的專門訓練。而她也能無所顧忌，投入那種令她痴迷且瘋狂的「男人的運動」中，川島芳子首先下定決心剪去一頭長髮，女扮男裝。接著，這位身穿黑色禮服，頭戴太陽帽並戴著墨鏡的女中豪傑，便開始和養父的徒弟們一道，學習騎馬、擊劍、柔道、射擊。

據說芳子的騎術精湛，槍法超群，她策馬疾馳中連續擊落百步開外的蘋果的故事被傳為佳話。川島浪速早已發現芳子具

川島芳子

有作為一名優秀間諜的天生稟賦，於是開始著手訓練芳子收集資料、使用諜報通訊器材、製造陰謀、竊取情報等技巧，為她日後成為全日本「軍中之花」級的超級間諜作必要準備。

變身日本魔諜

張作霖是日本帝國主義扶植起來的奉系軍閥首領，其勢力日益發展，成為統治東三省的「東北王」，並一再向關內擴張，於 1927 年 6 月 18 日在北京建立安國軍政府，成為北洋政府的末代統治者。此時，張作霖試圖利用英、美來牽制日本，如將美國資本引進東北，請美國修建大通（大虎山到通遼）、沈海（瀋陽到海龍）等鐵路和葫蘆島港口，而日本提出的增修吉（林）會（朝鮮會寧）鐵路和開礦、設廠、移民等，以及阻止中國在葫蘆島築港的要求，均未照辦，引起日本的強烈不滿。並且日本漸漸發現張作霖在利用日本人的勢力發展至關內後，對日本的興趣也在逐漸減少。同時張作霖與北伐軍的戰爭，也以失敗告終。張作霖不得不考慮退回奉天。而張作霖退回奉天勢必會破壞日本對滿蒙乃至全中國的侵略計劃。此時日本人已經不能再容忍張作霖了。於是，日本軍部派員到東北集結，著手準備暗殺張作霖。由於日籍特務在東北行動不便，急需有中國國籍的可靠人士「協力共進」，於是駐紮在東北三省的日本關東軍特務處便派與川島

浪速有師生之誼的倔田正勝少佐回國，遊說川島，希望他為了日本帝國的利益派遣養女芳子到奉天協助關東軍完成一項「祕密任務」。

出於幫助肅親王完成「匡復清室」大業的宏願，川島浪速很快就答應了關東軍的「邀請」，並作為交換條件從陸軍大臣岩崎男爵那裡弄到了一筆巨款，供芳子及寄居旅順之用。躍躍欲試的川島芳子，根本不勞養父多費口舌就一口應承。她從川島芳子變回肅親王第十四格格的身分，準備為復辟清朝「奮鬥。」

事實上，當川島父女受命協助關東軍完成「祕密任務」時，為了不走漏消息，並爭取足夠的時間讓川島芳子變成肅親王第十四公主顯紓，駐上海的日本領事館領事，中國方面的特務組織負責人吉田茂特地電告川島芳子到上海接洽具體事務。需要指出的是，這個吉田茂後來當上了日本戰後第一任首相，由於和麥克阿瑟合作「重建日本」而倍受美國人喜愛，美國前總統尼克森在《領導者》一書中還專門開出一章描寫吉田茂和麥克阿瑟的合作。吉田茂還是戰後第一個參拜靖國神社的日本首相，為後來者開了一個先例。吉田茂甚至還是「臺灣地位未定論」的創始人。

以「省親」為名到達東北的川島芳子卻滯留在大連。川島芳子一方面向旅順打電報說自己因患風寒不能如期到達，

川島芳子

一面又四處活動，蒐集有關北京的消息。這時川島芳子的諜報天分開始發揮了，這個魔女正式登上了舞臺。而這位男裝「紳士」的舉動非但沒有引起奉軍有關部門的懷疑，而且，諜報機構的幾個年輕人還與川島芳子建立了「熱烈親密」的友誼。川島芳子得到了不少有利的情報。這一舉動，不能不說川島芳子的「積極性」之高，也反映出奉系軍閥的諜報機關對日本毫無防範，其內部也沒有任何組織紀律可言。

一心要滅掉奉系軍閥的蔣介石很快揮軍渡過黃河，奉軍受到重創。北伐軍逼近北京，張作霖敗退東北等消息傳到了日本陸軍參謀總部，引起一片恐慌。

日本首相田中義一緊急授意關東軍稽查處採取果斷對策，命令他們「如果戰亂波及到滿洲，為了維持治安，有必要採取適當的措施。」日本當時的想法是中原地區無論如何打仗，也不要威脅到滿洲的安全，也就是不要干擾日本對滿洲的占領。

關東軍稽查處根據川島芳子提供的奉軍調動情況，以及張作霖近期召開的幾次祕密軍事會議內容，斷定張作霖的後撤對關東軍在滿洲的利益存在致命威脅，必須阻止國民革命軍北伐，也不能讓張作霖重新回到奉天，對已被日本人所控制的滿洲產生任何影響。於是，稽查處命令川島芳子儘快弄清張作霖返回奉天的具體路線和日程安排，準備實施「祕密任務」

　　在接到上方的指令後，川島芳子隻身來到奉天張作霖的
私邸，要求與少帥張學良密談。當時張學良因忙於處理後方
事務和迎接父親安全抵奉，正忙得不可開交，於是便派侍從
貼身副官與這位頗有豔聞的公主相見。見面過程中，芳子施
展自己與生俱來的魅力，使這位副官對自己垂涎不已。川島
芳子見有機可乘，便約定下次與其見面的時間、地點。經過
短期而頻繁的接觸，拜倒在川島芳子石榴裙下的副官將關於
張作霖行程安排的絕密消息和盤托出。

　　川島芳子順利地知悉，張作霖為掩人耳目、瞞天過海，
對外界公布自己將隨大軍返回奉天。實際上則是先於軍隊乘
坐火車回到奉天，本來少帥張學良一再建議張作霖乘坐汽車
回奉天，但是由於張作霖固執地認為火車的安全係數高於汽
車，所以張學良的建議並沒有得到採納。川島芳子得知這些
情報後並立即向總部做了報告。雖然在收到川島芳子的情報
之前，日軍已透過潛伏在張作霖身旁的日本特務先一步獲悉
了這一消息，但關東軍稽查處還是對川島芳子的諜報才能大
加讚賞，稱她為「東方的瑪塔·哈里」，名聲不脛而走。

　　1928 年 6 月 4 日凌晨五時，「東北王」張作霖被日本事
先放好的定時炸彈炸死在皇姑屯，日本關東軍乾淨俐落地完
成了這一任務，川島芳子功不可沒。從此她成為了諜報新
星，備受日本特務機關的青睞。

川島芳子

　　然而，川島芳子也像她生父肅親王善耆一樣頑固堅持「滿蒙獨立」的主張，她為日本人效力的最終目的就是「滿蒙獨立」。這可不是日本人想要的，他們不但是要侵吞滿蒙，更是要吞下整個中國。因此，很長一段時間內，川島芳子都被日本諜報機關閒置起來。

　　而川島芳子也利用這一閒置時間，搭乘商船回到日本，接受新一輪的充電。在船上，她對同行的日本關東軍諜報員大村駿的弟弟大村洋一見鍾情；而經過短暫接觸，大村的確為芳子潛在的「優良素養」所震動，對芳子另眼相看。

　　二人來到大村洋在日高的別墅，做了一對快活的野鴛鴦。兩個月的時間裡，大村洋不僅教會了川島芳子一流的床上功夫，強化了川島芳子「把美色當作炸彈」的意識，而且將「滿蒙中的日本」這一信念牢牢地植入到川島芳子的大腦中。被洗腦之後，川島芳子與日本軍方更加「同心同德」，步調一致。

　　經過這樣一番「洗腦」工作，身懷「絕技」的川島芳子又回到了大連，作為關東軍特務處的一名特別人員活躍在中國的軍政界。在大連期間，芳子經過原情夫山家亨的介紹，認識了被稱為「日本陸軍中的怪物」的日軍特務機關長官田中隆吉中將。正是與田中的結識，使川島芳子的命運發生了重大轉折。

據田中的供詞說：「當時芳子身穿一身中式旗袍，儘管她會說中國話，但她還是用日語做了寒暄。」這次見面後過了三天左右，田中接到川島芳子打來的電話，說她已在四川路醫院住院，希望他能來一下。田中到醫院後，芳子用「又像要求、又像拜託的口吻」對他說，自己已沒有去處，請給找個住所。於是田中很快便為她購置一所住宅，成為他藏嬌的金屋。田中隆吉在芳子的「百般糾纏，意在要田中與她共赴巫山」的盛情之下，很快就被她的美貌弄得神魂顛倒了。

從此田中與川島便抱成一團，互相激勵，要幹一番轟轟烈烈的「大事業」。川島芳子也變成了日本軍方插入中國心臟的一枚鋒利的毒針。

以後不論公私兩方面，芳子都成為田中的「不可或缺的人物」。在田中一生中的某一時期，「她作為一個難以忘懷的女性」，很大程度上左右了他。

其實，這早是芳子計劃中的事情。田中是特務機關長。探究日本的特務機關長有什麼樣的神通，這才是芳子興趣所在。對芳子來說，田中比大村更有利用價值，更有魅力。於是，川島芳子施展情夫大村洋傳授的「絕技」，為自己走上諜報舞臺拿到了頭等入場券。而對於田中來說，還是川島芳子的清皇室金枝玉葉的身分更有吸引力。就在二十年前還存在的清朝那龐大的版圖和四億人民，像夢幻般浮現在他眼前。

川島芳子

活躍於長城內外

九一八事變發生後的 10 月上旬，芳子奉田中隆吉之命趕到奉天，投到坂垣關東軍高級參謀的指揮之下。芳子不僅能自由地使用中日兩國語言，而且田中為了把她「培養成一個出色的間諜而傾注了全力」，還教會了她說一些英語，加上她那副清室王女的招牌，使她更便於在這個混亂時期盡力施為，成為一名日軍不可多得的戰地諜報官和多面間諜。

當時，日本在瀋陽的特務機關長土肥原賢二正祕密策劃擁立清朝廢帝愛新覺羅・溥儀，建立傀儡政權「滿洲國」。他將溥儀從天津祕密接到旅順大和旅館。由於是頂風作案，1934 年 3 月登基時的「滿州國皇帝」溥儀走的太過匆忙，溥儀的侍從團隊和「皇后」婉容仍滯留在津門。婉容誤以為自己已被溥儀拋棄，因此鬧得天翻地覆。日本軍方為了安撫溥儀，儘快實施「大東亞共榮圈」計劃，立刻派遣川島芳子作為祕使，去天津迎接婉容，而且此事不宜聲張，必須做得神不知鬼不覺。

1931 年 10 月的一天，一位著裝入時、窈窕嫵媚的漂亮女人來到了天津日本租界宮島街溥儀的住宅。這就是川島芳子，她受關東軍參謀長坂垣之托，祕密來津企圖將秋鴻皇后婉容接到滿洲。

川島芳子再三思索，最終採取偷梁換柱之計，用一口棺

材將婉容運出了津門，送達關東軍手中。然後成功地使皇后坐上了一艘經過偽裝的開往大連的日本兵艦。皇后除身上穿的一套衣服外沒帶任何東西。平安抵達大連後，前皇后對「這次可怕的成功的冒險」深感滿意，於是便把母親遺留下來的翡翠耳墜贈給了川島芳子，以示感謝和紀念。

偽滿洲國建立後，日本關東軍論功行賞，特別嘉獎川島芳子，授予她陸軍少佐軍銜，成為日本軍中軍階最高的女子。

1932 年 1 月 10 日，日本東北方面占領軍以關東軍參謀長坂垣的名義發去一封長電給上海的特務總長田中隆吉，大概意思是：「希望你在上海挑起事端，把各國的注意力吸引過去，屆時關東軍則趁機實現滿洲獨立」。

當時上海有個毛巾廠叫三友實業分公司，田中命令川島芳子用金錢和色相誘使這個公司的工人去襲擊日本山妙法寺的日蓮宗的僧侶。1 月 18 日午後四時左右，五名日本僧侶和信徒正在三友實業公司門前的馬路上打坐修行，幾十名工人按照川島芳子的指示，突然襲擊了他們，使三人受重傷，其中一個叫水上秀雄的因傷勢嚴重於 24 日死亡。

事件發生後，川島芳子把一筆經費交給在上海由日本人組成的「支那義勇軍團」，委任重藤千春憲兵大尉指揮他們襲擊三友實業公司，進行報復性的襲擊。但從表面上看，這似乎純粹是群眾性的報復行動，與日本軍方沒有任何關係。

川島芳子

但是這樣一來，日中兩國間在上海的對立，已達到一觸即發的危險狀態。

儘管後來上海市長吳鐵城曾就日蓮宗僧侶遭受襲擊一事照會日本在上海的總領事館、做出書面道歉，並無條件地答應了日方提出的四項無理要求，第一、向日本道歉；第二、處罰肇事者；第三、負擔傷亡者的治療費、贍養費；第四、立即解散抗日團體，取締排日活動。但退讓只會讓侵略者有更大的胃口，日本第一外遣艦隊司令官鹽澤幸一少將在 1 月 28 日下達了進攻命令，日本海軍陸戰隊向上海閘北區發起進攻，並與當地守軍 —— 第十九路軍展開了激烈的戰鬥。這就是中國歷史上著名的「一二八事變」。今天日本靖國神社的門口，還有一塊「一二八事變」紀念浮雕，上面寫著「上海事變！海軍陸戰隊擊敗八十倍於己之敵人！」

「一二八事變」發生時，川島芳子隻身潛入吳淞炮臺，查清了該炮臺的大砲門數，然後向田中的上司 —— 上海臨時派遣軍參謀長田代皖一少將作了報告，對日本制定作戰計劃發揮了很大作用。

與此同時，芳子又假扮男生，每夜都在上海百老匯的俱樂部狂歡亂舞。透過這種燈紅酒綠的生活，川島芳子又接觸到孫中山的長子、行政院院長孫科，搶先捕捉到蔣介石下野的消息。

　　此外，為了摸清中國方面的抗戰動向，第九師團的植田謙吉少將曾派川島芳子設法到十九路軍摸底。川島芳子受命後，祕密地來到第十九路軍軍長蔡廷鍇住所與之攀談，弄清了蔡的抗日意向非常堅決，並把這一情況報告給植田師團長。事實證明，芳子的情報是正確的，日軍主動地採取了迂迴戰術，避免了更大的傷亡。事後，植田評價川島芳子，說她「可抵一個精銳的裝甲師團。」由於各國使團出面調停，日本迫於國際壓力，不得不儘早結束戰爭。

　　就在中日雙方為結束「一二八事變」，締結停戰協定時，川島芳子透過田中的介紹，利用自身的優勢和間諜的能力，很快認識並接近了國民政府中央政治會議祕書長唐有壬，並從唐那裡得悉上海的中央銀行業已瀕於破產，國民政府迫切希望停戰。川島芳子立刻把這一情況報告了日本政府，結果使日本在停戰協議上占盡了便宜。

　　事後，唐有壬以洩漏情報罪受到追究，川島芳子又遵照田中的指示，將唐隱藏在家宅中達兩週之久，使他逃過了國民政府的追捕，唐對川島芳子感恩不盡。與此同時，國民黨行政院院長孫科在「一二八事變」後，也因向日本方面洩漏情報罪而受到彈劾。田中根據日本軍部的指示和孫科的要求，命令川島芳子把孫科從上海弄出來。於是，芳子便讓孫科悄悄溜到停泊在上海港的日本 ── 歐洲航線的客船，巧

川島芳子

妙地使孫科逃離上海到了廣東。另外，田中還命令芳子去探聽英國對「滿洲國」獨立問題的意向，而川島芳子也沒有辜負田中的厚望。她不僅沒費吹灰之力便從英國記者那裡獲知英國政府將在國際聯盟上對這個問題使用否決權等情報，並已最大程度地「團結」了上海的英國僑民，使他們對日方在「一二八事變」中的侵略行徑能夠施以「諒解」。

由此可以看出，天生一副機靈頭腦的川島芳子，作為一個進行陰謀活動的媒介體，一名出類拔萃的超級間諜，為日本的「戰爭機器」添補了不少有用的零件。

女諜的「手腕」

說到川島芳子的「手腕」，不能不提她那令眾人傾倒的舞技。正是利用交際舞，川島芳子能不費吹灰之力地從孫科、唐有壬等國民黨軍政要員身上竊取到有重要價值的絕密情報。芳子的慣技之一，就是看到有利用價值的男人，便馬上約他跳舞。「呼倫貝爾事變」後的一天，稻田正純少佐從巴黎回來，在長春中途下車，到多田公館來拜訪多田少將。不巧，將軍不在。稻田少佐在客廳等待時，芳子跑了進來。雖說是初次相見，可芳子張口就說：「哎，我們跳舞吧！」而「跳舞吧」這句話，在日本人看來是有著特殊意義的，再接下去就是「枕頭上關節」了。

女諜的「手腕」

　　川島芳子長得眉目如畫，冰肌玉膚，身材火爆，神態妖冶，無論是身穿筆挺的西服、華美的和服，還是身著合體的旗袍，都魅力四射。據著名藝人李香蘭的自傳《我的前半生》所記，川島芳子在人群中有一張非常引人注目的笑臉；她個子不高，勻稱的身材包裹在男人的大褂裡，卻顯示出女性的婀娜，氣度雍容華貴。

　　川島芳子嫻於辭令，善於察言觀色，比一般女子更解風情，那些如狼似虎的男人無不認為她是一塊值得一咬的「美肉」，卻又對她渾身的毒刺心存畏懼。川島芳子是情場高手，後來她究竟征服了多少男人，連她自己也沒個譜，真可為一「婦」當關，萬夫莫敵。

　　正是川島芳子這種超人的手腕、恬不知恥的作風、豔麗的外表，才使她得以成為世界著名的美豔間諜。

　　1940 年，東條英機當選日本陸軍大臣後，日本與中國的戰爭全面展開。當時川島芳子已賦閒在東京，她當然不會錯過這個機會，她認定這是千載難逢的好機會，然而東條英機卻對她不太感冒。

　　太平洋戰爭的爆發使日本在兵源、戰爭物資等問題上陷於捉襟見肘的困窘境地，因此迫切希望與國民政府締結和約，閒居在東京的川島芳子探聽到這一消息，便急忙打電話給東條夫人勝子說：「有一件重要事情，請一定要我見東條

川島芳子

閣下。請一定把我護送到日軍的最前線。關於蔣介石軍隊方面，有許多將軍是我的熟人，你就不用擔心了。我一定要使日中和談早日實現。」於是，勝子便把川島芳子的意思傳達給了東條英機。東條一聽，臉色馬上就變了，他對妻子說道：「日本還沒有落到非這種女人不可的地步……」

川島芳子知道，如果現在不下一個大賭注，自己的名字將永遠被遺忘。所以她想和「滿洲事變」爆發前後那樣，重登華麗的舞臺。當時，她那副樣子不難想像，猶如一個已經被排擠到舞臺邊緣的人，還在拚死掙扎著想爬回舞臺中央去。

實際上，東條英機對川島芳子掌握的消息的準確性確實感到吃驚，同時又十分讚賞她的計劃，只是覺得若由日本政府出面派遣她當和談代表，有挫大和民族的志氣。思忖再三，東條英機向北京憲兵司令田宮中佐發電，令他保護川島芳子的安全，盡量為她提供方便。接著，一份日本軍部的命令將躍躍欲試的川島芳子派到北京，讓她以東興樓飯莊女老闆的身分與國民黨在京要員廣泛接觸，蒐集有關和談動向的情報。

北京前門外有條西大街。街的北側有一幢紅磚二層樓房。日本侵略軍外城憲兵隊就在這裡。新派來的隊長是一個叫田宮的少佐。他作為一個憲兵隊長，似乎太年輕了些，對

中國的情況又談不上精通。田宮對北京民情不甚了解，所以他上任後，馬上把部下中所有的「中國通」叫到跟前，讓他們介紹北京的情況。很快田宮就發現這不是一個好辦法，因為這只會向部下暴露他對北京的無知。

田宮赴任之前，就聽到過關於川島芳子的許多傳聞。他想，自己欲飛黃騰達，當中將、大將，就必須與高官顯要建立特殊關係，要做到這一點，能否利用川島芳子呢？

經過一番調查，田宮決定見一見川島芳子。一見面，田宮就好像吃了回春藥一樣，彷彿芳子身上有一種奇怪的電波射到他的身上，馬上感覺到自己被對方徹底俘虜了。及至川島芳子說了一句「我陪您去看一次京劇」，田宮已受寵若驚，只覺得渾身熱乎乎的，心情一直難以平靜。川島芳子略施手腕把北京憲兵隊長牢牢地控制在自己手中之後，便有條不紊地開始著手進行「和談」的事宜。

首先，川島芳子利用自己過生日的機會大事鋪張，遍請在京朝野名流。其中，華北政務委員會情報局局長管翼賢、常來華北的邢士廉——此人與軍統頭子戴笠私交甚深、滿洲國實業部長張燕卿、三六九畫報社社長朱書紳等新聞雜誌社知名人士、日滿大使館的參贊，以及不少梨園名人都成了座上賓。宴會剛開始，川島芳子差人抬來一塊刻著「祝川島芳子生日——北支那方面軍司令多田勘」的銀色大匾。在場

的人看到這份禮物，頓時就被芳子的聲勢鎮住了。透過這樣的辦法，川島芳子很快便打通了她與國民黨政界要人接觸的渠道。

緊接著，川島芳子又透過大漢奸周佛海、陳公博等人，與蔣介石面前的紅人 —— 軍統特務頭子戴笠搭上了線，希望戴笠能助她一臂之力。作為答謝，川島芳子將負責把南京偽政府的特務分布網和北平諜報人員名單送給戴笠。

戴笠早就十分仰慕川島芳子的諜報才華，對她在「一二八事變」中左右逢源、暗布機關的間諜「風範」甚是佩服。於是戴笠欣然同意雙方進行初步的接觸，並派親信唐賢秋扮作北京大藥行老闆與川島芳子直接磋商有關事宜。

但由於日軍進攻緬甸，陷中國遠征軍於絕境，這種接觸暫時中斷了。即使如此，為了維繫這個與國民黨上層的「合作」關係，川島芳子在徵得日本駐華北方面軍參謀部的同意後，將一些非策略性的消息有意透露給戴笠，使軍統感到有必要把這位蜚聲中日諜報界的「東方魔女」收到麾下效力。

正當川島芳子和軍統特務眉來眼去、關係曖昧之際，由於形勢急轉直下，國民黨與日本軍方祕密達成了「和平相處，共同剿共」的協議，川島芳子便不知不覺地被軍部遺忘了。面對日益枯竭的活動費用，川島芳子決定重新換上「金司令」的招牌。她在田宮中佐的幫助下，網羅了二十幾個殺

人不眨眼的彪形大漢，穿著鑲有大將軍銜的服裝，出入公共場合，專門看準那些有錢的紳士和梨園名角下手，坑詐錢財。一些缺乏背景的悶老闆受到敲詐，只好忍氣吞聲。有一次，梨園名角馬連良不小心怠慢了這位十四格格，在矮簷下低頭，奉上兩萬元「道歉費」，才得全身而退。

具有蛇蠍般歹毒心腸的川島芳子，就是利用自己過人的社交手腕、厚顏無恥的「美女政策」以及心狠手辣的作風，在風雨飄搖的北京城裡稱王稱霸、作威作福。但是，隨著日本軍國主義在太平洋戰場和東南亞戰區的節節敗退，這位昔日權柄炙手的「東方魔女」也只能一逞「落日餘輝」，在掙扎和孤寂中等待著歷史對她的懲罰。

可恥的下場

1945 年 8 月 6 日凌晨，兩顆原子彈「小男孩」和「胖子」分別在日本廣島、長崎上空爆炸，大日本帝國的紅日旗也被黑煙遮蓋得失去了以往煊赫雲霄的光芒，東亞的「太陽」墜落了，舊的世界崩潰了。那些曾挑起世界大混亂的侵略者、陰謀挑唆者、煽動戰爭者和狂熱的軍國主義者們，在世界各個角落作為戰犯受到了歷史的嚴懲。「東方魔女」川島芳子的末日也臨近了。

8 月 15 日，受到極度震懾的日本裕仁天皇宣布投降。「東

川島芳子

方的瑪塔・哈里」也隨之走向了她的人生末路，她被國民政府當作頭號女漢奸逮捕歸案，關進北京監獄。當局對她禮遇有加，不僅讓她住單人房，而且不給她戴手銬，據說這是經軍統局特意關照過的。她的囚室是方形的，高度三公尺，上方有一個方型的鐵窗，天棚上吊著一個小燈泡。房間裡放著一張寬一公尺，長兩公尺的木床，角落裡放著一個大馬桶。

很快川島芳子就受到了法庭的傳訊。

在整個受審過程中，她一直用在當間諜時所熟悉的手段來奚落法庭，破壞審判的正常進行。而國民政府的很多要員不是跟川島芳子有一腿，就是自己在抗戰中手腳也不乾淨，法庭要是拿出真憑實據來指控她，恐怕要牽連一大片官員，所以只好用日本小說來湊數。

與此同時，表面上不動聲色、一副視死如歸之態的川島芳子，卻又透過各種關係為自己開脫、推卸罪責。她首先派人讓胞兄憲立找到田中隆吉和多田駿，請他們出面向美國駐日本最高軍事長官麥克阿瑟將軍求情，向遠東軍事法庭說情，對國民政府施加壓力。接著，又寫信給養父川島浪速，懇求他證實自己是日本人，以擺脫因涉嫌漢奸罪而被判處死刑的危險。最後，川島芳子亮出了自己的王牌 —— 北平和南京方面日偽的諜報網，請軍統局頭子戴笠幫助營救她。此外，她還透過孫科向國民黨上層人物疏通關係，企圖逃脫罪

責。不過川島芳子知道的太多了，讓她繼續活著，會威脅很多國民黨高層官員的仕途，甚至會威脅戰後日本政府裡很多前軍國主義分子的地位。所以不管有沒有證據，川島芳子這次是死定了。

當時的法庭是根據「疑罪從有」的原則定罪，民國政府最終在 1948 年 3 月 25 日早上六點四十分將她處決。

電子書購買

國家圖書館出版品預行編目資料

二戰諜報史：「特派記者」佐爾格、雙重間諜
波波夫、代號「Tate」、格魯烏王牌特務、清
朝格格川島芳子，二戰歷史因他們而改變 / 李
颺主編 . -- 第一版 . -- 臺北市：崧燁文化事業有
限公司 , 2023.02
面；　公分
POD 版
ISBN 978-626-357-008-5(平裝)
1.CST: 情報戰 2.CST: 世界史 3.CST: 第二次世
界大戰
599.72　　111020544

二戰諜報史：「特派記者」佐爾格、雙重間
諜波波夫、代號「Tate」、格魯烏王牌特務、
清朝格格川島芳子，二戰歷史因他們而改變

臉書

主　　編：李颺
發 行 人：黃振庭
出 版 者：崧燁文化事業有限公司
發 行 者：崧燁文化事業有限公司
E - m a i l：sonbookservice@gmail.com
粉 絲 頁：https://www.facebook.com/sonbookss/
網　　址：https://sonbook.net/
地　　址：台北市中正區重慶南路一段六十一號八樓 815 室
Rm. 815, 8F., No.61, Sec. 1, Chongqing S. Rd., Zhongzheng Dist., Taipei City 100,
Taiwan
電　　話：(02) 2370-3310　　傳　　真：(02) 2388-1990
印　　刷：京峯彩色印刷有限公司（京峰數位）
律師顧問：廣華律師事務所 張珮琦律師

定　　價：350 元
發行日期：2023 年 02 月第一版
◎本書以 POD 印製